MED

Duden

Startklar fürs G8 Mathematik

Üben für den Übergang

4. → 5. Klasse

Dudenverlag
Mannheim · Leipzig · Wien · Zürich

Bibliografische Information
der Deutschen Nationalbibliothek
Die Deutsche Nationalbibliothek verzeichnet diese Publikation in der Deutschen Nationalbibliografie; detaillierte bibliografische Daten sind im Internet über http://dnb.ddb.de abrufbar.

Redaktionelle Leitung: Annika Renker
Redaktion: Astrid Dany
Text: Ute Müller-Wolfangel, Beate Schreiber

Herstellung: Tobias Kaase, Andreas Preising
Layout: Horst Bachmann
Illustration: Carsten Märtin, Sandra Reckers
Umschlaggestaltung: Sven Rauska
Umschlagabbildung: Getty Images
Satz: Katrin Kleinschrot, Stuttgart
Druck und Bindung: Firmengruppe APPL, Wemding
Printed in Germany

ISBN 978-3-411-73551-8

Inhaltsverzeichnis

Lösungen im Elternratgeber ab S. 28

Vorwort

Auf in eine neue Schule

Zur Vorbereitung auf den Übergang ins Gymnasium kannst du dir mit diesem Buch einen Überblick über das Grundwissen des Deutschunterrichts der Grundschule verschaffen. Du sollst herausfinden, was du schon sicher kannst und was du noch wiederholen und üben musst, bevor du in die neue Schule gehst. Außerdem kannst du schon einmal reinschnuppern, was dich auf dem Gymnasium erwartet.

So ist das Buch aufgebaut

Auf den Seiten 8 und 9 erhältst du wichtige Arbeits- und Lerntipps. Lies sie sorgfältig durch. Wenn du sie beachtest, erleichtern sie dir das Lernen und Üben.

Es folgen vier große Kapitel mit den Überschriften Der Zahlenraum bis 1 000 000, Grundrechenarten, Sachrechnen und Geometrie. Die großen Kapitel sind jeweils in drei bis sieben kleine Kapitel unterteilt.

Jedes kleine Kapitel beginnt mit einer Einstiegsseite mit dem nötigen Grundwissen. Hier steht, was du zu dem jeweiligen Thema in den vier Grundschuljahren gelernt hast und was du dir merken musst. Auf der gegenüberliegenden Seite steht ein Test, mit dem du dein Wissen zu diesem Thema überprüfen kannst. Erst danach beginnen die Übungen, mit denen du das trainieren kannst, was du noch nicht sicher beherrschst. Denn die Übungen sind abgestimmt auf die Testfragen. Hake die Übungen ab, die du bearbeitet hast.

Das jeweils letzte kleine Kapitel gibt dir einen Ausblick auf den Stoff des achtjährigen Gymnasiums (G8). Dieser schließt meist direkt an den Grundschulstoff an und bereitet dich gut auf den Übergang in die neue Schule vor.

Besondere Seiten in diesem Buch

Übungsplan (Seite 7): Hier trägst du ein, welche Aufgaben du bereits bearbeitet und kontrolliert hast. So hast du immer einen Überblick darüber, was du schon geschafft hast.

Die Lösungen zu den vielen Übungen findest du im extra beiliegenden Elternratgeber, im hinteren Teil des Heftes (S. 28 – 47). Hier kannst du deine Testergebnisse und die Ergebnisse der anderen Übungen selbstständig überprüfen.

Fachbegriffe (S. 108 – 111): Hier kannst du Begriffe nachschlagen, wenn du zum Beispiel deren Bedeutung nicht mehr genau weißt.

So arbeitest du mit diesem Buch

1. Suche dir eines der kleinen Kapitel aus, in dem du üben willst. Informiere dich auf der Einstiegsseite über das Grundwissen.
   Beachte auch die Wissenskästen – wichtig!
2. Bearbeite den Test mit einem Bleistift, damit du ihn bei Bedarf wiederholen kannst. Kontrolliere deine Lösungen und trage deine erreichte Punktzahl in die Kästchen ein.
3. Bearbeite die Übungen konzentriert und gewissenhaft.
   Wenn du mit etwas nicht zurechtkommst, lies noch einmal auf der Einstiegsseite nach. Dort findest du auch Beispiele. Wenn dir der Platz zum Rechnen nicht reicht, rechne auf einem karierten Blatt Papier oder in einem Rechenheft.
4. Wenn du mit einer Übung fertig bist, kontrolliere dein Ergebnis mit den Lösungen. Wenn sie richtig ist, hake die Übung in deinem Übungsplan auf Seite 7 ab.

Das bedeuten die erreichten Punkte im Test

0 – 2 Punkte Wiederhole den Stoff gründlich.	Du musst die Einstiegsseite mit dem Grundwissen am besten noch mehrmals ganz genau mit den Beispielen durchlesen, bevor du weitermachst.
3 – 6 Punkte Lies noch einmal die Wissensseite.	Du bist noch unsicher. Lies dir die Einstiegsseite noch einmal durch. Suche darin nach Hilfen für die falsch gelösten Aufgaben.
7 – 9 Punkte Gut! Starte nun die Übungen.	Du hast die Aufgaben schon ganz gut gelöst. Wenn du nun die dazugehörigen Übungen machst, wirst du dich noch verbessern.
10 – 12 Punkte Super! Du bist schon fit fürs G8!	Du bist schon fit fürs G8. Du kannst versuchen, die Aufgaben noch schneller zu bearbeiten. Lege dir dazu eine Uhr bereit.

So kannst du den Erfolg deiner Arbeit messen

Wenn du ein kleines oder ein großes Kapitel oder das ganze Buch durchgearbeitet hast, solltest du dir noch einmal die Tests vornehmen. Radiere zuvor die Bleistifteinträge aus. Wetten, dass du noch besser geworden bist! Natürlich nur, wenn du konzentriert, mit ein bisschen Sportgeist und Spaß arbeitest und übst.

Übungsplan

Trage ein, welche Übungen du bereits bearbeitet (•) und kontrolliert (✓) hast.

Kapitel	Nummer der Übung	1	2	3	4	5	6	7	8	9	10	11	12	13	14	15
Zahlen bis 1 000 000	Zahlen bis 1 000 000 darstellen															
	Zahlen bis 1 000 000 vergleichen															
	Das erwartet dich im G8															
Grundrechen-arten	Schriftl. Addition und Subtraktion															
	Schriftl. Multiplikation und Division															
	Text- und Knobelaufgaben															
	Das erwartet dich im G8															
Sachrechnen	Größen: Geld															
	Größen: Längen															
	Größen: Gewichte															
	Größen: Hohlmaße															
	Größen: Zeit															
	Angewandtes Rechnen mit Größen															
	Das erwartet dich im G8															
Geometrie	Ebene Figuren															
	Körperformen															
	Geometrisches Zeichnen															
	Achsen- und Drehsymmetrie															
	Das erwartet dich im G8															

Arbeitstipps

1. Arbeite zügig, aber gründlich.
2. Finde deine beste Übungszeit heraus.
3. Übe regelmäßig.
4. Achte auf gutes Licht und frische Luft.
5. Stell dir etwas zu trinken bereit.
6. Sorge für einen aufgeräumten Schreibtisch.
7. Lege deine Arbeitsmaterialien bereit.
8. Probiere aus, ob du mit Musik besser arbeiten kannst.
9. Setze dir ein Übungsziel und gehe gut gelaunt ans Üben.
10. Freue dich über deinen Erfolg.
11. Zeige anderen, was du geleistet hast.

Lerntipps

Zahlenraum bis 1 000 000

- ein langes Plakat mit einer Stellenwerttafel herstellen und immer wieder große Zahlen aus Zeitung, Radio und Fernsehen eintragen

Zahlenraum bis 1 000 000

Grundrechenarten

- Fachausdrücke klären und auswendig lernen
- das Eins-plus-Eins auf Schnelligkeit trainieren
- das kleine Einmaleins auf Schnelligkeit trainieren
- ein Lernposter mit den Lösungsschritten für Textaufgaben herstellen und über den Schreibtisch hängen

Grundrechenarten

Sachrechnen

- einen Größenfächer herstellen:
  auf 5 Pappstreifen die einzelnen Größen (Geld, Längen, Gewichte, Hohlmaße, Zeit) mit den dazugehörigen Maßeinheiten schreiben und mit einer Musterbeutelklammer zusammenheften

Sachrechnen

Geometrie

- auf richtiges „Werkzeug“ achten
  (Zirkel, Lineal, Geodreieck, gespitzter Bleistift)
- eine Geometriekartei mit verschiedenfarbigen Karteikarten anlegen: ebene Figuren, Körperformen und Netze, geometrisches Zeichnen, Achsensymmetrie und Drehsymmetrie

Geometrie

Der Zahlenraum bis 1 000 000

Zahlen bis 1 000 000 darstellen

Jede Zahl kann aus den Ziffern 0, 1, 2, 3, 4, 5, 6, 7, 8, 9 gebildet werden.

Du kannst Zahlen ganz einfach durch Bündelung darstellen. Zahlen werden stellengerecht aufgeschrieben. Dies wird in einer Stellenwerttafel noch deutlicher.

Das Prinzip der Bündelung:
10 Einer werden zu einem Zehner,
10 Zehner werden zu einem Hunderter,
10 Hunderter werden zu einem Tausender,
10 Tausender werden zu einem Zehntausender,
10 Zehntausender werden zu einem Hunderttausender,
10 Hunderttausender werden zu einer Million
zusammengefasst.

Das Prinzip der Stellenwertschreibweise:

Million (M) · Tausend (T)

M	HT	ZT	T	H	Z	E		
0	3	4	2	7	3	1	342 731	dreihundertzweiundvierzigtausendsiebenhunderteinunddreißig
1	0	0	0	0	0	0	1 000 000	eine Million

Zahlen kannst du auch an einem Zahlenstrahl darstellen:

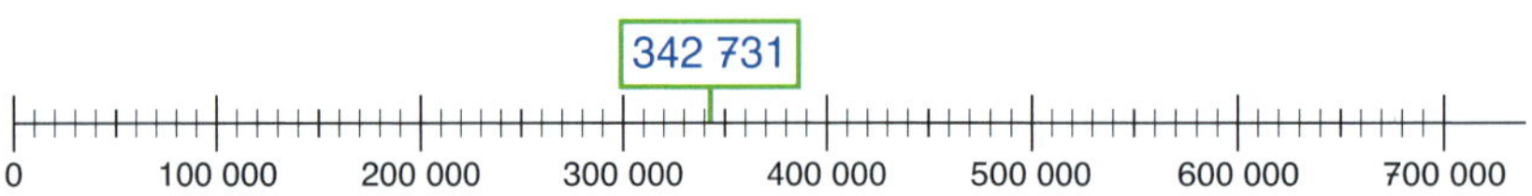

WICHTIG

Unser Zahlensystem ist ein Zehner-Stellenwertsystem.
Der Wert verzehnfacht sich von Spalte zu Spalte (von rechts nach links).

Fit fürs G8?

Überprüfe dein Wissen

P

1. Ergänze die fehlenden Zahlen.

	M	HT	ZT	T	H	Z	E	
a)	....	....	....	....	....	....	....	673 049
b)	....	....	....	....	....	....	....	1 Million
c)		1	7	2	9	0	3	....

3

2. Schreibe die Zahlen auf.

a) 0 M 4 HT 0 Z 7 ZT 6 E 5 T 8 H

....

b) 0 E 0 M 2 ZT 3 T 5 H 6 HT 8 Z

....

2

3. Bilde mit den Ziffern 4, 3, 9, 6, 1

a) die größtmögliche Zahl: ....

b) die kleinstmögliche Zahl: ....

2

4. Trage die Zahlen ein.

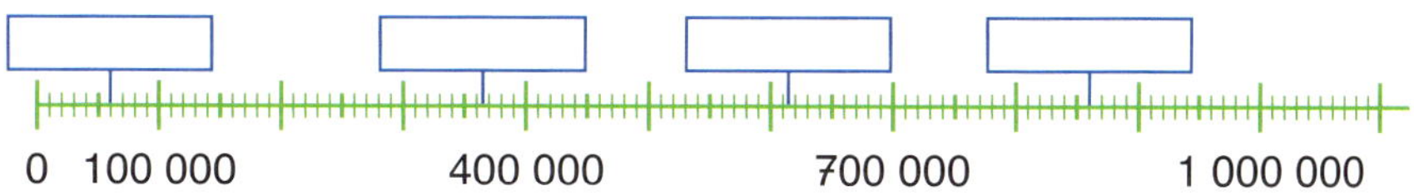

4

5. Setze die Zahlenfolge fort.

200 000, 220 000, ...

...., 340 000

1

0 – 2 Punkte	3 – 6 Punkte	7 – 9 Punkte	10 – 12 Punkte
Wiederhole den Stoff gründlich.	Lies noch einmal die Wissensseite.	Gut! Starte nun die Übungen.	Super! Du bist schon fit fürs G8!

Punktzahl

Übungen

1. Trage in die Stellenwerttafel ein.

a) 4 HT 3 ZT 1 T 0 H 4 Z 6 E

b) 34 043

c) 304 568

d) 3 T 6 H 2 HT 4 E

e) 7 ZT 4 H

f) 0 ZT 0 Z 0 H 1 M 0 E

	M	HT	ZT	T	H	Z	E
a)							
b)							
c)							
d)							
e)							
f)							

2. Schreibe die Zahlen aus der Stellenwerttafel in Worten.

3. Ergänze die fehlenden Ziffern so, dass zwei unterschiedliche Zahlen gebildet werden. Jede der folgenden Ziffern darf in jeder Tabellenzeile nur einmal auftauchen: 3 5 2 8 0 7

a)

HT	ZT	T	H	Z	E
3	5	2	8	0	7
3	2	8		7	

b)

HT	ZT	T	H	Z	E
8	3		2		0
8	3		2		0

c)

HT	ZT	T	H	Z	E
7			5	0	3
7			5	0	3

4. Zerlege die Zahlen aus Aufgabe 3.

a) 352 807 = 300 000 + 50 000 + 2 000 + 800 + 7

b)

c)

5. Ordne die Zahlen aus Aufgabe 3 von klein nach groß.

6. Schau dir den Zahlenstrahl genau an. Trage die fehlenden Zahlen in die grünen Kästchen ein. Schreibe anschließend die Zahlen, die zu den Buchstaben gehören, in die Platzhalter unter dem Zahlenstrahl.

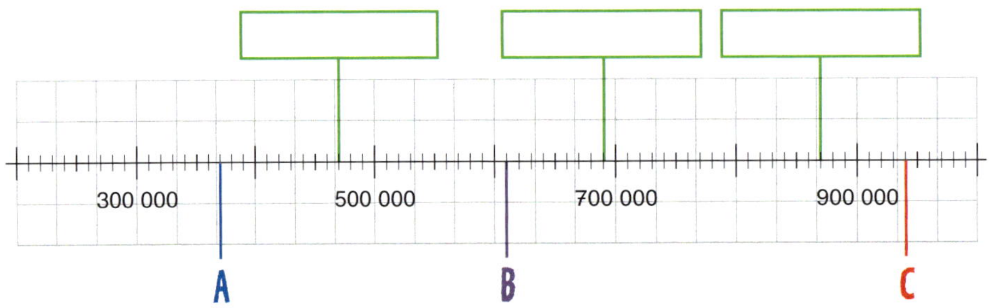

A = ...

B = ...

C = ...

7. Zeichne die Buchstaben A bis F am Zahlenstrahl ein. Verwende verschiedene Farben.

A = 920 000 D = 914 000

B = 935 000 E = 951 000

C = 987 000 F = 969 000

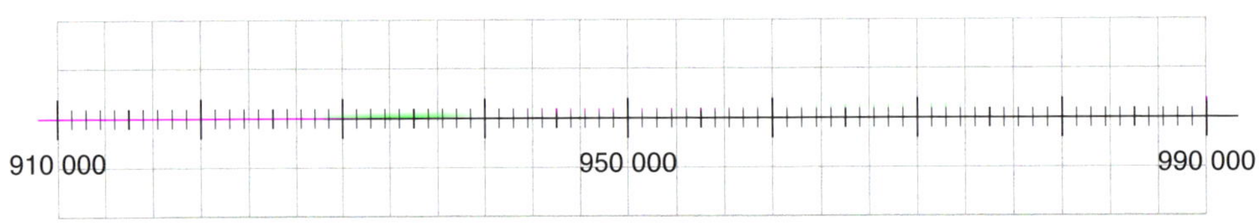

8. Zeichne eine Stellenwerttafel. Trage die Zahlen ein.

a) dreiundzwanzigtausendzweiundsiebzig
b) achthundertsechstausenddreihunderteinundzwanzig
c) dreihundertsiebenundzwanzigtausendneunhundertneun
d) fünfundvierzigtausendachthundertdreißig
e) hundertzehntausendfünfundvierzig

9. Setze die Zahlenfolgen fort.

a) 76 350, 76 400, ...

...., 76 650

b) 802 060, 802 080, ...

...., 802 180

c) 79 993, 79 996, ...

...., 80 020

d) 438 500, 439 500, ...

...., 444 500

10. Schreibe in dein Rechenheft.

a) Zähle in Hunderterschritten weiter.
69 900, ..., 70 700

b) Zeichne einen Zahlenstrahl, auf dem du alle Zahlen aus Aufgabe a) eintragen kannst. Trage danach die Zahlen ein.

c) Markiere auf deinem Zahlenstrahl, wo diese Zahlen ungefähr liegen:
A = 70 550 B = 69 990 C = 70 340 D = 70 690

Der Zahlenraum bis 1 000 000

Zahlen bis 1 000 000 vergleichen

Du kannst Zahlen ganz einfach und sicher der Größe nach ordnen und vergleichen, wenn du sie in eine Stellenwerttafel einträgst und die Ziffern Stelle für Stelle miteinander vergleichst. Beginne mit der höchsten Stelle.

Beispiel: Vergleiche die Zahlen 780 342 und 728 342.

HT	ZT	T	H	Z	E
7	8	0	3	4	2
7	2	8	3	4	2

Beim Vergleich von Zahlen werden die Zeichen <, > und = verwendet.
Wenn du eine ungefähre Gleichung angeben willst, musst du dieses Zeichen verwenden: ≈
Die Hunderttausenderstellen sind in beiden Zahlen gleich, aber die Zehntausenderstellen unterscheiden sich: 2 < 8
Also ist 728 342 < 780 342.

Du kannst Zahlen auch am Zahlenstrahl miteinander vergleichen.
Die größere Zahl liegt auf dem Zahlenstrahl immer weiter rechts.

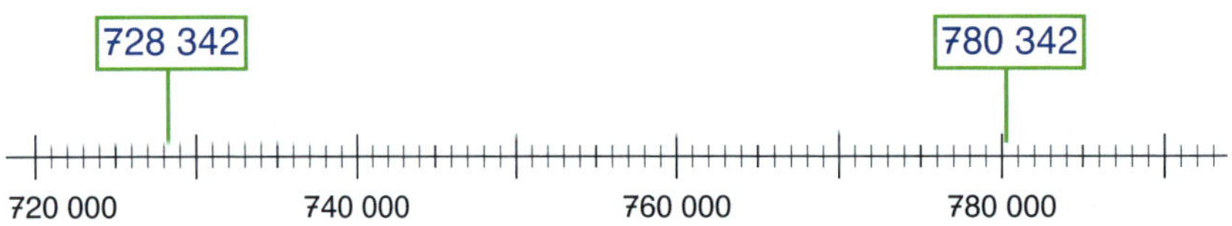

WICHTIG

Die linke Spalte in einer Stellenwerttafel zeigt immer den höchsten Stellenwert einer Zahl an, die rechte den niedrigsten.

Fit fürs G8?

Überprüfe dein Wissen

P

1. Setze <, > oder = ein.

a) 17 342 ☐ 27 342 b) 80 341 ☐ 30 841

c) 546 813 ☐ 546 831

3 ☐

2. Wie heißen Vorgänger und Nachfolger?

a) ...., 32 901, ...

b) ...., 408 000, ...

c) ...., 99 999, ...

3 ☐

3. Färbe die kleinste Zahl rot, die größte gelb ein.

a) 59 840; 6 299; 71 885; 97 354

b) 709 752; 366 498; 998 259; 699 894

2 ☐

4. Ordne die Zahlen. Beginne mit der kleinsten Zahl.

a) 8 040, 607 312, 504 367, 295 430, 103 792, 295 437

....

....

b) 200 082, 984 350, 701 430, 357 612, 537 256, 357 602

....

....

2 ☐

5. Schreibe von der Zahl 867 435 auf:

a) die Nachbartausender ....

b) die Nachbarhunderttausender ....

2 ☐

0 – 2 Punkte	3 – 6 Punkte	7 – 9 Punkte	10 – 12 Punkte
Wiederhole den Stoff gründlich.	Lies noch einmal die Wissensseite.	Gut! Starte nun die Übungen.	Super! Du bist schon fit fürs G8!

Punktzahl ☐

Übungen

1. Trage die Zahlen in die Stellenwerttafel ein und ordne sie in einem zweiten Schritt nach ihrer Größe.

a) zweiundachtzigtausenddreihunderteinundvierzig
b) siebenundzwanzigtausendvierhunderteinunddreißig
c) zweihundertsiebenundachtzigtausendeinhundertvierunddreißig
d) zweihundertsiebenundachtzigtausendeinhundertdreiundvierzig
e) siebenhundertzweiundachtzigtausenddreihundertvierzehn
f) zweiundachtzigtausendsiebenhundertdreiundvierzig
g) achtundzwanzigtausendsiebenhundertdreiundvierzig
h) zweiundachtzigtausendsiebenhundertvierunddreißig

	HT	ZT	T	H	Z	E
a)						
b)						
c)						
d)						
e)						
f)						
g)						
h)						

.... > .... >

.... > .... >

.... > .... >

.... > ....

2. Schreibe die Zahl auf, die genau in der Mitte zwischen beiden Zahlen liegt.

300 000 und 420 000 A = ...

320 000 und 480 000 B = ...

300 000 und 390 000 C = ...

3. Markiere die Zahlen von A, B und C auf dem Zahlenstrahl.

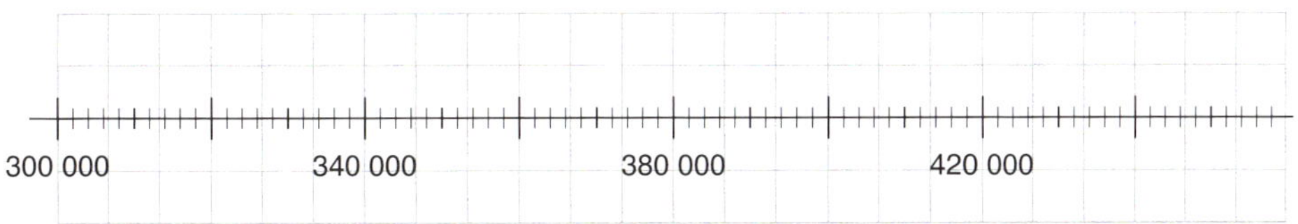

4. In jedem Zahlenstreifen soll eine Zahl mit ihrem Vorgänger und Nachfolger stehen. Ergänze die fehlenden Zahlen.

	93 524	
	608 901	
782 999		
		199 000
	453 060	
999 998		
	872 901	

5. Bilde aus den Ziffern die kleinstmögliche und die größtmögliche Zahl.

4 3 2 0 6 .... < ....

0 3 5 7 9 1 .... < ....

8 5 4 9 1 .... < ....

1 7 8 3 6 .... < ....

4 8 9 3 6 .... < ....

6. Ergänze zuerst die fehlenden Zahlen, die unter den Platzhaltern stehen und schreibe sie als Ziffern in die Platzhalter. Setze anschließend <, > oder = ein.

583 501 ◯ 583 105

28 908 ◯ 280 809

413 003 ◯ ....
vierhundertdreizehntausenddreißig

709 526 ◯ ....
siebenundneunzigtausendfünfhundert-
sechsundzwanzig

869 008 ◯ ....
8 HT 9 ZT 6 T 0 H 0 Z 8 E

212 573 ◯ ....
2 HT 1 ZT 5 T 2 H 3 Z 7 E

7. Ordne die Zahlen 53 418, 8 153, 43 518, 41 835, 81 453, 534 811.

a) Beginne mit der größten Zahl.
b) Beginne mit der kleinsten Zahl.

8. Bilde aus den Ziffern 0, 1, 2, 3, 4, 9 eine Zahl, in der jede Ziffer nur einmal vorkommt und die so nah wie möglich bei der Zahl 925 340 liegt.

9. Arbeite in deinem Übungsheft.

a) Bilde aus den Ziffern 0, 0, 0, 2, 3 alle möglichen fünfstelligen Zahlen.
b) Ordne diese dann der Größe nach von klein nach groß.

10. Schreibe dir Ziffernkärtchen mit den Ziffern 3, 4, 5, 6, 7, 8 und bilde damit möglichst viele Zahlen. Schreibe sie auf.

11. Benutze die Ziffern aus Aufgabe 10 noch einmal und bilde folgende Zahlen. Vielleicht hast du sie auch schon in Aufgabe 10 aufgeschrieben.

a) die größtmögliche Zahl
b) die kleinstmögliche Zahl
c) die kleinste Zahl, die größer ist als 700 000
d) die größtmögliche Zahl, die zwischen 500 000 und 540 000 liegt

Der Zahlenraum bis 1 000 000

Das erwartet dich im G8: vom Zehner- zum Zweiersystem

Zahlen werden normalerweise im Zehnersystem (Dezimalsystem) geschrieben. Die zehn Ziffern von 0 bis 9 stehen zur Verfügung und werden innerhalb des Stellenwertsystems zu Zehnereinheiten gebündelt. Bei 1 beginnend, erhält man die jeweils nächsthöhere Stufe im Zehnersystem immer durch Multiplikation mit 10. Die Stufenzahlen sind daher 1, 10, 100, 1 000, 10 000, 100 000 usw.

Computer verwenden zum Rechnen das Zweiersystem (Dualsystem). Hier stehen lediglich die zwei Ziffern 0 und 1 zur Verfügung. Die Stufenzahlen im Zweiersystem sind 1, 2, 4, 8, 16, 32, 64, 128, 256 usw. Sie entstehen durch wiederholte Multiplikation mit 2.
Zur Unterscheidung schreibt man einen kleinen Index an die Zahl.

Die Stellenwerttafel für die Zahl $(1001111)_2$ im Zweiersystem:

64er	32er	16er	8er	4er	2er	1er
1	0	0	1	1	1	1

Ausgeschrieben bedeutet dies:
$1 \cdot 64 + 0 \cdot 32 + 0 \cdot 16 + 1 \cdot 8 + 1 \cdot 4 + 1 \cdot 2 + 1 \cdot 1$
Bei der Übertragung der Dualzahl ins Zehnersystem berechnet man diese Summe und erhält: $(1001111)_2 = (79)_{10}$.

Umrechnungsmethode: Um eine Zahl vom Zehnersystem ins Zweiersystem zu übertragen, dividiert man sie mehrfach hintereinander durch 2 und notiert die verbleibenden Reste. Ordnet man diese Reste (von unten nach oben gelesen) von links nach rechts nebeneinander an, so erhält man die Zahl im Zweiersystem.

$(37)_{10}$ wird in eine Dualzahl umgerechnet:

$37 = 2 \cdot 18 + 1$
$18 = 2 \cdot 9 + 0$
$9 = 2 \cdot 4 + 1$
$4 = 2 \cdot 2 + 0$
$2 = 2 \cdot 1 + 0$
$1 = 2 \cdot 0 + 1$

(Leserichtung: von unten nach oben ↑)

$(37)_{10} = (100101)_2$

Fit fürs G8?

Überprüfe dein Wissen

P

1. Zehnersystem: In der Zahl 59 000 hat die Ziffer 5 einen anderen Wert als in der Zahl 15. Die Stellenwerttafel für die Zahl 568 169 sieht folgendermaßen aus:

a) Erläutere die Tafel.

b) Wie lautet der Stellenwert ausgeschrieben?

Tausend					
H	Z	T	H	Z	T
5	6	8	1	6	9

2

2. Ergänze die fehlenden Zahlenwerte an den vier Ausschnitten des Zahlenstrahls.

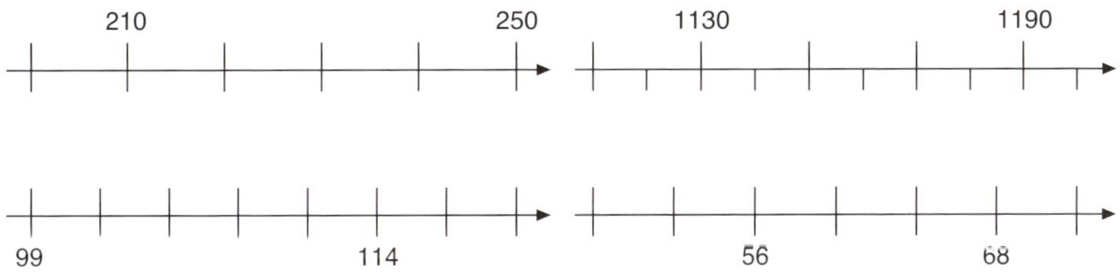

4

3. Vervollständige die Tabellen durch Umrechnung der Zahlen.

Zehnersystem	698		
Zweiersystem		$(110011)_2$	

Zehnersystem		1347	
Zweiersystem	$(111010)_2$		

6

0 – 2 Punkte	**3 – 6 Punkte**	**7 – 9 Punkte**	**10 – 12 Punkte**
Wiederhole den Stoff gründlich.	Lies noch einmal die Wissensseite.	Gut! Starte nun die Übungen.	Super! Du bist schon fit fürs G8!

Punktzahl

Übungen

1. Rechnen im Zweiersystem. Schreibe in dein Übungsheft.

a) Gib die ersten $(10)_{10}$ Zahlen im Zweiersystem an.

b) Verdopple diese Zahlen im Zehnersystem und rechne sie ebenfalls um. Was fällt dir auf?

2. Übertrage die angegebenen Zahlen aus dem Zweiersystem ins Zehnersystem. Nimm dazu die Stellentafel des Zweiersystems. Beachte, dass die letzte Ziffer unter der 1 stehen muss, die vorletzte unter der 2 usw.

Zahl im Zweiersystem	Stellenwerttafel des Zweiersystems								Umrechnung ins Zehnersystem
	128	**64**	**32**	**16**	**8**	**4**	**2**	**1**	
$(101)_2$						1	0	1	$1 \cdot 1 + 0 \cdot 2 + 1 \cdot 4 = (5)_{10}$
$(1111)_2$	....	....	....	....	....	....	....	....	
$(11101)_2$	....	....	....	....	....	....	....	....	
$(100011)_2$	....	....	....	....	....	....	....	....	
$(101101)_2$	....	....	....	....	....	....	....	....	
$(1101010)_2$	....	....	....	....	....	....	....	....	
$(1000011)_2$	....	....	....	....	....	....	....	....	
$(11100111)_2$	....	....	....	....	....	....	....	....	
$(10100101)_2$	....	....	....	....	....	....	....	....	

3. Bestimme die benachbarten Zahlen im Zweiersystem.

Vorgänger					
Zahl	$(1011)_2$	$(110100)_2$	$(1000111)_2$	$(100111)_2$	$(101110)_2$
Nachfolger					

4. Übertrage vom Zehnersystem ins Zweiersystem.

a) $(12)_{10}$ = ...

b) $(45)_{10}$ = ...

c) $(79)_{10}$ = ...

d) $(112)_{10}$ = ...

e) $(128)_{10}$ = ...

f) $(157)_{10}$ = ...

g) $(199)_{10}$ = ...

h) $(333)_{10}$ = ...

5. Vervollständige die Zahlenreihen des Zweiersystems.

a) 1 .... 0 1 = 9 $(= 8 + 0 + 0 + 1)_{10}$

b) 1 0 .... = 10 $(= 8 + 0 + 2 + 0)_{10}$

c) .... = 11 $(= 8 + 0 + 2 + 1)_{10}$

d) .... = 12 $(= 8 + 4 + 0 + 0)$

Schriftliche Addition und Subtraktion

Bei der schriftlichen Addition und Subtraktion musst du die Stellenwertschreibweise beachten. Schreibe die Zahlen immer stellengerecht untereinander.

Addition

	HT	ZT	T	H	Z	E
	4	9	5	4	7	5
+	2	3	2	8	1	8
	1		1		1	
	7	2	8	2	9	3

	4	9	5	4	7	5
+	2	3	2	8	1	8
	1		1		1	
	7	2	8	2	9	3

Addiere von unten nach oben:
„8 plus 5 gleich 13, schreibe 3, übertrage 1“
Immer wenn eine Stelle größer als 9 ist, musst du einen Stellenübertrag durchführen.

Subtraktion

	HT	ZT	T	H	Z	E
	7	9	3	0	6	8
–	5	8	4	1	3	2
		1	1			
	2	0	8	9	3	6

	7	9	3	0	6	8
–	5	8	4	1	3	2
		1	1			
	2	0	8	9	3	6

Ergänzungsverfahren: Es wird von der unteren Zahl zur oberen Zahl ergänzt:
„2 + 6 = 8“ oder „von 2 bis 8 fehlen 6“
Wenn eine Stelle der unteren Zahl größer als die obere ist, musst du einen Stellenübertrag durchführen.

WICHTIG

Ergebnisse kannst du mit der Umkehraufgabe kontrollieren.
Beispiel: 5 + 4 = 9 ↔ 9 – 4 = 5

Fit fürs G8?

Überprüfe dein Wissen

1. Schreibe untereinander und berechne. **P**

a) 34 865 + 23 132 = ...

b) 682 324 + 24 204 = ...

c) 86 524 – 42 112 = ...

d) 654 796 – 31 264 = ...

e) 783 491 – 111 414 = ... 5 ☐

2. Schreibe untereinander, berechne und kontrolliere dein Ergebnis mithilfe der Umkehraufgabe.

a) 75 632 + 89 045 = ...

Umkehraufgabe: ....

b) 745 382 – 478 549 = ...

Umkehraufgabe: ....

c) 439 011 + 247 001 = ...

Umkehraufgabe: ....

d) 547 911 – 339 865 = ...

Umkehraufgabe: .... 2 ☐

3. Schreibe untereinander und ergänze die fehlenden Ziffern.

a) ☐☐☐☐☐ + 37 123 = 59 368

b) 59 523 + ☐☐☐☐☐ = 82 971

c) 69 987 – ☐☐☐☐☐ = 25 684

d) ☐☐☐☐☐☐ – 587 635 = 273 264

e) 70 411 + ☐☐☐☐☐ = 12 548 5 ☐

0 – 2 Punkte	3 – 6 Punkte	7 – 9 Punkte	10 – 12 Punkte
Wiederhole den Stoff gründlich.	Lies noch einmal die Wissensseite.	Gut! Starte nun die Übungen.	Super! Du bist schon fit fürs G8!

Punktzahl ☐

Übungen

1. Übertrage die Zahlen zunächst in die Stellenwerttafeln und addiere sie anschließend in der unteren Reihe der Stellenwerttafel.

7 845 + 32 104

	HT	ZT	T	H	Z	E
+						

375 674 + 212 323

	HT	ZT	T	H	Z	E
+						

33 562 + 61 237

	HT	ZT	T	H	Z	E
+						

400 352 + 579 647

	HT	ZT	T	H	Z	E
+						

8 976 + 97 809

	HT	ZT	T	H	Z	E
+						

7 049 + 700 490

	HT	ZT	T	H	Z	E
+						

2. Addiere schriftlich und schreibe deine Ergebnisse auf die Steine.

3. Addiere jeweils die Zahlen der gleichen Farbe.

527 928 5 024 323 948 87 324 66 908

138 379 254 083 8 716

27 963 374 576 376 032 463 707

4. Übertrage die Zahlen zunächst in die Stellenwerttafeln und subtrahiere sie anschließend in der unteren Reihe der Stellenwerttafel.

68 548 – 57 326

	HT	ZT	T	H	Z	E
–						

74 978 – 3 850

	HT	ZT	T	H	Z	E
–						

54 765 – 21 342

	HT	ZT	T	H	Z	E
–						

798 546 – 207 213

	HT	ZT	T	H	Z	E
–						

92 187 – 54 306

	HT	ZT	T	H	Z	E
–						

450 123 – 49 567

	HT	ZT	T	H	Z	E
–						

5. Bilde aus den Kärtchen der gleichen Farbe jeweils die größte und die kleinste Zahl und subtrahiere anschließend die kleinere Zahl von der größeren.

8 4 5
2 3

7 9 6
3 1 2

5 4 7
2 1 8

6. Berechne die fehlenden Zahlen. Waagerecht und senkrecht muss immer 1 000 000 herauskommen.

567 382		294 073
97 413		260 674

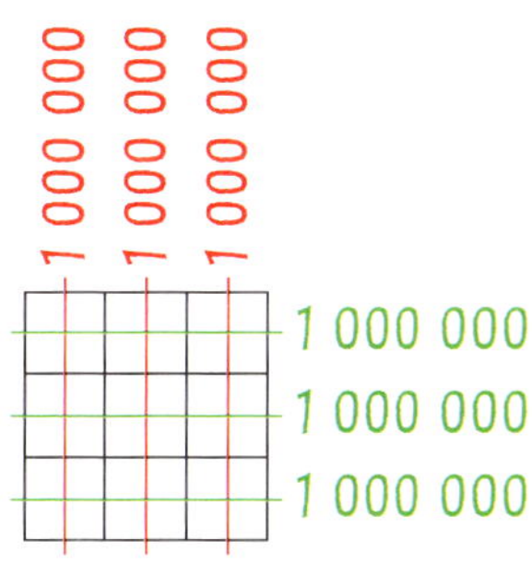

7. In der Tabelle auf der rechten Seite fehlen Zahlen. Rechne die Zahlen aus, die in die Lücken gehören. Tipp: Wenn du beide Zahlen in einer Zeile addierst, muss immer das Ergebnis herauskommen, das im Haus steht.

	77 066
98 753	
514 657	
	187 059
354 517	

8. Ergänze die fehlenden Ziffern.

+	3	8	7	5	2
	8	7	3	2	5

	5	7	8	6	7
+					
	6	0	1	8	2

		9	5		2
+	3			8	3
	7	3	8	4	

9. Fülle die Tabelle aus.

+		182 794	74 375	
82 303				147 126
36 742	56 058			
		596 840		

10. Setze <, > oder = ein.

8 434 □ 50 005 – 41 871

652 348 – 243 509 □ 319 674 + 89 165

45 612 + 26 743 + 17 953 □ 57 003 + 33 305

383 652 + 74 536 □ 863 423 – 405 251

743 204 – 43 422 □ 292 676 + 88 106

592 042 – 17 389 □ 321 708 + 287 723

11. Verdoppele jede Zahl.

46 312   91 574   17 650   334 678   500 000   98 999

12. Löse die Zahlenrätsel.

a) Die gesuchte Zahl ist um 48 798 kleiner als 89 512.

b) Addiere zu der Zahl 43 712 die Summe von 71 059 und 3 843. Subtrahiere das Ergebnis von einer Million.

c) Subtrahiere von 68 954 die Differenz der Zahlen 34 765 und 18 698 und addiere zu diesem Ergebnis die Zahl 45 113.

Schriftliche Multiplikation und Division

So multiplizierst du schriftlich:

a) mit einer einstelligen Zahl

ZT	T	H	Z	E		
7	5	8	4	1	·	8
6	0	6	7	2	8	

b) mit einer zweistelligen Zahl

ZT	T	H	Z	E				
2	5	4	7	9	·	2	6	
		5	0	9	5	8	0	
		1	5	2	8	7	4	
			1	1	1			
		6	6	2	4	5	4	

So dividierst du schriftlich:

T H Z E

5 8 7 4 : 3 = 1 9 5 8	T dividiere	5 : 3 = 1 Rest 2
3		
2 8	H hole herunter	8
2 7	dividiere	28 : 3 = 9 Rest 1
1 7	Z hole herunter	7
1 5	dividiere	17 : 3 = 5 Rest 2
2 4	E hole herunter	4
2 4	dividiere	24 : 3 = 8
0		

Wenn die erste Ziffer aus der ersten Zahl kleiner ist als die Zahl, durch die du dividierst, dann beginne mit den ersten beiden Ziffern der ersten Zahl.

Beispiel: 3 552 : 8; du dividierst 3 : 8, da das nicht geht, beginnst du mit 35 : 8.

WICHTIG

Wenn verschiedene Operationszeichen (+, –, ·, :) vorkommen, dann gilt: Punktrechnung kommt vor Strichrechnung.

Beispiel: 5 + 3 · 4 – 6 = 5 + 12 – 6 = 11

Fit fürs G8?

Überprüfe dein Wissen

P

1. Rechne schriftlich.

a) 93 342 · 8 = ...
b) 4 763 · 28 = ...
c) 656 935 : 5 = ...
d) 278 528 : 4 = ...

4 □

2. Kreuze an, ohne zu rechnen: ohne Rest oder mit Rest?

	ohne Rest	mit Rest
a) 567 842 : 2	□	□
b) 674 589 : 5	□	□
c) 875 432 : 9	□	□
d) 963 513 : 4	□	□
e) 333 333 : 3	□	□
f) 147 402 : 6	□	□
g) 457 931 : 5	□	□
h) 721 042 : 2	□	□

4 □

3. Setze die Zeichen +, –, · oder : ein.

a) 314 □ 2 = 170 □ 13
b) 64 □ 5 = 960 □ 3
c) 678 □ 138 < 102 □ 8
d) 1 475 □ 322 = 3 459 □ 3

4 □

0 – 2 Punkte	**3 – 6 Punkte**	**7 – 9 Punkte**	**10 – 12 Punkte**
Wiederhole den Stoff gründlich.	Lies noch einmal die Wissensseite.	Gut! Starte nun die Übungen.	Super! Du bist schon fit fürs G8!

Punktzahl □ ✓

Übungen

1. Multipliziere schriftlich.

8 5 1 2 · 6

2 5 7 1 4 · 8

5 3 0 4 3 · 4

2 7 6 4 3 · 2 3

3 6 0 9 · 3 5

3 8 9 2 0 · 1 7

2. Trage die fehlenden Ziffern ein.

☐ 6 5 4 · 7
2 5 5 7 ☐

☐ 7 8 9 ☐ · 3
8 3 6 7 9

☐ 5 6 5 9 · ☐
2 7 3 9 5 4

☐ 3 8 7 6 · ☐
2 1 ☐ ☐ 0

3. Berechne.

· 7	
1 053	
3 916	
8 067	
13 234	

· 35	
1 053	
3 916	
8 067	
13 234	

4. Fülle die Tabelle aus.

·	4	8	10	5
9 734				
26 202				
38 653				
40 817				

5. Dividiere schriftlich.

9 5 3 4 : 2 =

4 7 6 7 5 : 5 =

21 984 : 3 = ...

65 943 : 9 = ...

90 534 : 6 = ...

42 816 : 4 = ...

123 418 : 2 = ...

256 005 : 5 = ...

6. Färbe die Aufgabenkarten, ohne zu rechnen, passend ein:
mit Rest , ohne Rest .

: 3 kein Rest,
wenn die Quersumme
durch 3 teilbar ist

59 412 : 3

: 9 kein Rest,
wenn die Quersumme
durch 9 teilbar ist

82 351 : 9

: 4 kein Rest,
wenn die Zahl aus den
beiden letzten Ziffern
durch 4 teilbar ist

76 532 : 4

: 6 kein Rest,
wenn die Zahl gerade
und die Quersumme
durch 3 teilbar ist

93 742 : 6

: 5 kein Rest,
wenn eine 5 oder eine
0 in der Einerstelle steht

143 503 : 5

: 10 kein Rest,
wenn eine 0 in der
Einerstelle steht

260 314 : 10

7. Rechne die Aufgaben aus Aufgabe 6 schriftlich aus.

8. Rechne aus und schreibe die Ergebnisse in den Turm.

86 542

: 12		Rest
: 6		Rest
: 18		Rest
: 9		Rest
: 14		Rest
: 7		Rest

9. Rechne aus.

42 100 + 124 · 8 + 7 432 = ...

72 · 49 + 8 420 : 5 = ...

1 000 000 – 555 · 7 + 1 082 = ...

58 419 : 9 + 66 512 = ...

10. Setze die Zahlenfolgen fort.

2, 6, 18, ..., 13 122

7, 49, 343, ..., 823 543

11. Dividiere und mache die Probe.

45 568 : 8 =	78 309 : 9 =	112 542 : 3 =
99 536 : 6 =	84 629 : 4 =	376 563 : 5 =

12. Ergänze die Einerstelle so, dass kein Rest bleibt. Überprüfe mit der Probe. Manchmal gibt es mehrere Lösungen.

524 66□ 7 =	82 33□ : 4 =	74 21□ : 9 =
98 05□ 6 =	138 41□ : 3 =	378 68□ : 5 =

13. Zahlenrätsel

a) Multipliziere 6 543 mit 6, dividiere durch 3 und addiere dazu die Differenz von 63 106 und 45 094.

b) Wie heißt das Ergebnis, wenn du die Zahlen 81 534 und 117 122 addierst und diese Summe durch 8 dividierst?

c) Dividiere 450 592 durch 8, addiere zu dem Ergebnis die Differenz von 500 000 und 66 324 und dividiere durch 100.

d) Multipliziere 7 114 mit 4, subtrahiere davon die Summe von 3 478 und 4 970 und dividiere durch 8.

Text- und Knobelaufgaben

Bei Textaufgaben musst du zuerst ganz genau lesen und überlegen. Diese Schritte können dir helfen:

1. Lies die Aufgabe genau durch.
2. Unterstreiche alle wichtigen Angaben.
3. Denke über die Frage oder eine mögliche Frage nach.
4. Überlege, ob dir eine Zeichnung helfen kann.
5. Schreibe die Rechenschritte auf und rechne.
6. Überprüfe die Rechnung.
7. Schreibe eine passende Antwort.

Jede Rechnung kannst du überschlagen, bevor du genau rechnest. Auch das Ergebnis lässt sich ungefähr damit überprüfen. Wenn du dein Ergebnis genau überprüfen willst, dann rechne die Umkehraufgabe.

Überschlag: Du rechnest einfach mit gerundeten Zahlen.
6 579 + 138 481 = ... 6 579 ≈ 7 000 138 481 ≈ 140 000
7 000 + 140 000 = 147 000

Umkehraufgabe: Aus + wird – und umgekehrt.
Aufgabe: 6 579 + 138 481 = 145 060
Umkehraufgabe: 145 060 – 138 481 = 6 579

Aus · wird : und umgekehrt.
Aufgabe: 645 · 5 = 3 225;
Umkehraufgabe: 3 225 : 5 = 645

WICHTIG

Manchmal gibt es Textaufgaben, die nicht gelöst werden können, weil Angaben fehlen. Diese Textaufgaben werden „Kapitänsaufgaben" genannt. Also aufgepasst!

Fit fürs G8?

Überprüfe dein Wissen

P

1. Überschlage, indem du auf Zehntausender rundest.

a) 81 532 + 32 456 + 67 890 ≈ ....

b) 123 671 – 45 413 ≈ ....

c) 23 889 · 12 ≈ ....

d) 87 696 : 9 ≈ ....

4 ☐

2. Rechne aus und schreibe jeweils die Umkehraufgabe auf.

a) 74 576 + 9 324 = ...

Umkehraufgabe: ....

b) 92 657 – 27 819 = ...

Umkehraufgabe: ....

c) 68 112 · 4 = ...

Umkehraufgabe: ....

d) 72 303 : 7 = ...

Umkehraufgabe: ....

4 ☐

3. Kreuze die Fragen an, die du beantworten kannst.

An einem Tag waren in einem Schwimmbad 534 Frauen, 287 Männer und 1 732 Kinder.

Frage A: Wie viele Besucher waren da? ☐

Frage B: Wie viele Schwimmer waren da? ☐

Frage C: Wie alt waren die Kinder? ☐

Frage D: Wie viele Erwachsene waren da? ☐

4 ☐

0 – 2 Punkte	**3 – 6 Punkte**	**7 – 9 Punkte**	**10 – 12 Punkte**
Wiederhole den Stoff gründlich.	Lies noch einmal die Wissensseite.	Gut! Starte nun die Übungen.	Super! Du bist schon fit fürs G8!

Punktzahl ☐

Übungen

1. Runde die Zahlen in den Zahlenkärtchen.

38 647   51 485   73 755   88 187   247 901   779 225

auf volle Tausender:

.... ; .... ; .... ;

.... ; .... ; ....

auf volle Zehntausender:

.... ; .... ; .... ;

.... ; .... ; ....

2. Überschlage, indem du auf volle Tausender rundest.

74 397 – 53 179	Ü: 74 000 – 53 000 = 21 000
34 954 – 18 602	Ü: ....
94 523 + 28 175	Ü: ....
37 316 + 52 180	Ü: ....
70 473 · 9	Ü: ....
49 512 · 8	Ü: ....
59 523 : 3	Ü: ....

3. Rechne die Aufgaben aus Aufgabe 2 aus und mache zu jeder Aufgabe die Probe.

4. Überschlage im Kopf und verbinde Aufgabe und Ergebnis.

3 021

246 174 + 68 412

69 072

17 268 · 4

314 586

21 147 : 7

121 508 – 117 381

72 345

4 127

422 034

35 580 + 36 765

70 339 · 6

5. In einem Fußballstadion waren beim ersten Bundesligaspiel 56 312 Zuschauer anwesend. Beim dritten Spiel waren nur 47 549 und beim fünften Spiel 50 872 dabei. Bei allen drei Spielen haben insgesamt 32 573 Zuschauer eine Sitzplatzkarte gekauft. Wie viele Stehplatzkarten wurden verkauft?

Kapitänsaufgabe: ☐ ja ☐ nein

☐✓ Antwort: ....

6. Zwei Schäfer treffen sich mit ihren Schafherden und Hunden auf einer Rheinwiese. Jeder hat 253 Schafe und 2 Hunde. Der eine Schäfer ist doppelt so alt wie der andere. Wie alt sind sie zusammen?

Kapitänsaufgabe: ☐ ja ☐ nein

☐✓ Antwort: ....

7. Berechne.

a) Du hast mit 2 Würfeln gewürfelt. Die Summe der Würfelaugen ist 9 und das Produkt ist 20. Welche Augenzahlen siehst du auf deinen Würfeln?

b) Du hast wieder mit zwei Würfeln gewürfelt. Die Summe der Würfelaugen ist nun 12 und das Produkt ist 36. Welche Augenzahlen siehst du auf den Würfeln?

☐✓

8. Berechne.

a) Bilde vier gerade dreistellige Zahlen mit den Ziffern 4, 5, 6. Jede der drei Ziffern soll nur einmal in der Zahl vorkommen.

b) Bilde dann die Differenz der größten und der kleinsten dieser Zahlen.

☐✓

9. Suche die passenden Rechengeschichten zu der Aufgabe 186 : 6. Kreuze sie an.

a) Berechne das 6fache von 186. ☐

b) 186 Kinder bilden bei einem Spielfest Sechsergruppen. ☐

c) Von 186 Luftballons sind 6 geplatzt. ☐

d) 186 Flaschen werden in Kisten mit je 6 Flaschen gestellt. ☐

e) Peter hat 186 Kastanien in einem Korb gesammelt. 6 Kastanien hat er noch in der Hosentasche. ☐

☐✓

10. Ein Dominospiel, das normalerweise 28 Steine hat, ist nicht mehr komplett. Wenn die Steine gleichmäßig auf 6 Personen verteilt werden, bleiben 5 Steine übrig. Bei 4 Mitspielern bleiben 3 übrig. Bei 3 Mitspielern bleiben nur 2 übrig. Wie viele Steine sind verloren gegangen?

☐✓

Grundrechenarten

Das erwartet dich im G8:
Terme – Ausklammern und Ausmultiplizieren

Ein Term besteht aus sinnvoll zusammengefügten Zahlen und Rechenzeichen (+, –, , :) und wird mithilfe von Klammern gegliedert.

$7 + 3$ ist ein Term.
$27 : 20$ ist ein Term.
$(27 : 5) + 18$ ist ein Term.

„Vorfahrtsregeln“ in Termen

Klammern werden zuerst berechnet. Bei geschachtelten Klammern wird die innere zuerst berechnet.
Punktrechnungen (· und :) werden vor Strichrechnungen (+ und –) ausgeführt.
Strichrechenarten sind untereinander gleichrangig, d. h., + und – sind gleichrangig. Das Gleiche gilt für Punktrechenarten.
Fehlen Klammern, wird von links nach rechts gerechnet.

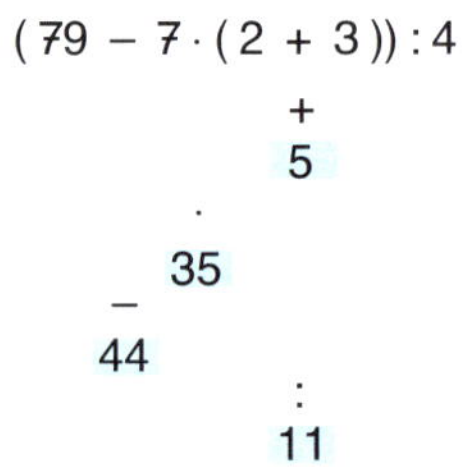

Für die Darstellung der richtigen Reihenfolge der Rechnungen eines Terms verwendet man Rechenbäume.

Wird eine Summe oder Differenz mit einer Zahl multipliziert oder durch eine Zahl dividiert, so gilt in beiden Fällen das Distributivgesetz.
Die Anwendung dieses Gesetzes wird auch Ausmultiplizieren genannt.
In umgekehrter Richtung spricht man von Ausklammern.

Ausmultiplizieren:

$(10 - 3) \cdot 7 = 10 \cdot 7 - 3 \cdot 7 = 70 - 21 = 49$

Ausklammern:

$7 \cdot 6 + 7 \cdot 7 = 7 \cdot (6 + 7) = 7 \cdot 13 = 91$

Fit fürs G8?

Überprüfe dein Wissen

P

1. Berechne die fehlenden Stellen in der Zahlenmauer. Jede Zahl ergibt sich dabei aus den beiden darunter stehenden Zahlen und der angegebenen Rechenoperation.

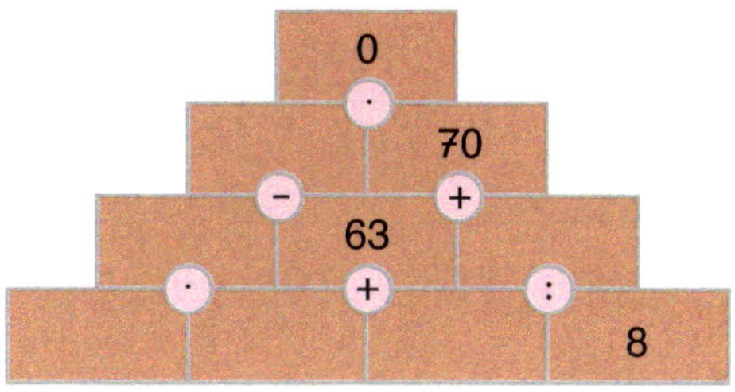

6 ☐

2. Berechne (schriftlich) unter Beachtung der Rechenregeln. Achte auf mögliche Rechenvorteile.

a) $34 + 493 : 17$
b) $17 \cdot 29 + 17 \cdot 71$
c) $123 \cdot 12^3 - 4144 : 56$
d) $[(25 + 91) \cdot 7] : (504 - 476)$

4 ☐

3. Gib zu den Rechenbäumen den passenden Term an und berechne ihn. Beschreibe den Term in Worten.

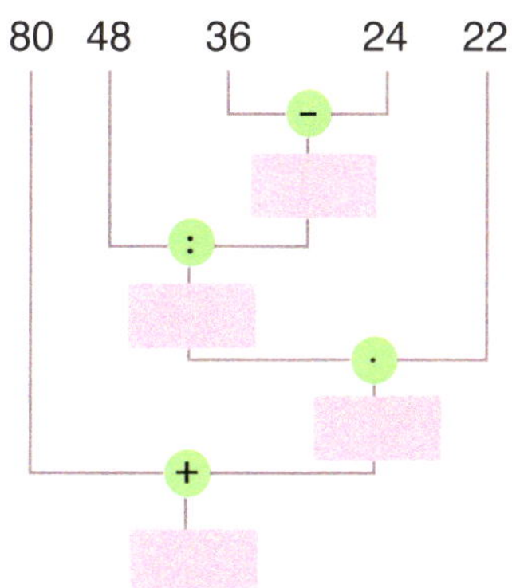

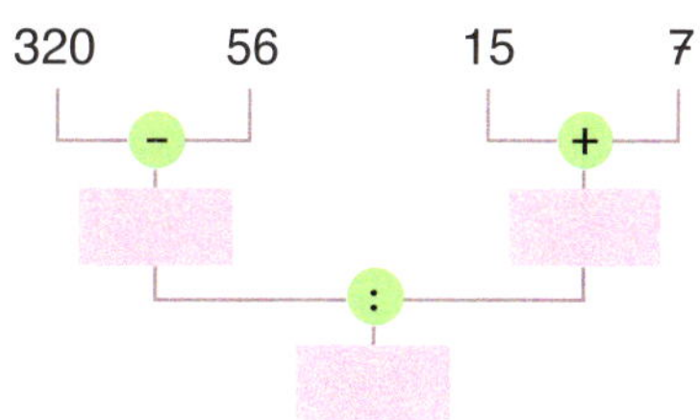

2 ☐

0 – 2 Punkte	**3 – 6 Punkte**	**7 – 9 Punkte**	**10 – 12 Punkte**
Wiederhole den Stoff gründlich.	Lies noch einmal die Wissensseite.	Gut! Starte nun die Übungen.	Super! Du bist schon fit fürs G8!

Punktzahl ☐

Übungen

1. Gliedere die Terme mithilfe eines Rechenbaums und berechne ihren Wert. Arbeite in dein Übungsheft und beachte die Rechenregeln.

a) $(15 + 3) : 6$
b) $12 - (7 + 2)$
c) $74 - [8 \cdot (5 + 3)]$
d) $(15 + 6) : (18 - 11)$
e) $12 + 8 : 4 - 5$
f) $15 \cdot 2 + 20 : 5$
g) $24 + 2 \cdot (9 - 6)$
h) $(24 - 2 \cdot 4) : 8$

☐✓

2. Nutze das Distributivgesetz (Ausklammern oder Ausmultiplizieren) für die schnelle Berechnung im Kopf.

a) $5 \cdot (11 + 8)$
b) $(10 - 1) \cdot 25$
c) $6 \cdot 17 + 6 \cdot 3$
d) $(48 + 36) : 12$
e) $91 : 13 - 78 : 13$
f) $26 \cdot 11 - 11$

☐✓

3. Wandle den Text jeweils in eine Gleichung um und löse sie.

a) Tom löst seine Briefmarkensammlung auf und verteilt sie gleichmäßig an seine 6 Freunde. Zusammen mit seinen bereits gesammelten 95 Briefmarken besitzt Markus anschließend 114 Marken. Wie viele Briefmarken hatte Tom in seiner Sammlung?

b) Martina hat 74 mal denselben Geldbetrag in ihre Spardose geworfen. Nachdem sie 16 € für eine neue CD entnommen hat, befinden sich noch 206 € in der Spardose. Wie hoch war der Geldbetrag, den Martina zuvor jedes Mal eingeworfen hat?

☐✓

4. Lies dir die Aufgaben von a) bis e) genau durch. Übertrage den Text jeder Aufgabe zunächst in einen Term.
Überschlage dann das jeweilige Ergebnis, um es anschließend exakt zu berechnen.

a) Addiere 34 zum Produkt aus 12 und 9.
b) Dividiere die Summe aus 35 und 25 durch ihre Differenz.
c) Subtrahiere 195 vom Produkt aus der größten und der kleinsten dreistelligen Zahl.
d) Multipliziere den Quotienten aus dem Divisor 24 und dem Dividenden 120 mit der Differenz aus dem Minuenden 45 und dem Subtrahenden 29.
e) Vermindere die dritte Potenz von 5 um die Summe aus 19 und der Quadratzahl von 6.

5. Berechne die folgenden Terme und finde alle diejenigen heraus, die man nicht berechnen kann. Denke an die Besonderheiten bezüglich der Null.

a) 0 : (4 834 – 2 376)
b) 666 · (36 : 6 – 6)
c) (45 – 23) : (56 – 7 · 8)
d) [24 – 8 · (12 – 9)] : 120
e) [(35 – 4 7 – 7) : 59] · 75
f) 19 + 56 : (29 + 16 – 5 · 9)

6. Übertrage den Text in eine Gleichung und löse sie.

a) Das Dreifache einer Zahl vermindert um 18 ist ebenso groß wie die Summe aus 25 und 59.
b) Addiert man 89 zu der Hälfte einer unbekannten Zahl, so erhält man 128.

Größen: Geld

Bei uns und in vielen anderen europäischen Ländern werden Geldbeträge in Euro und Cent angegeben: 1 € = 100 ct

Nur Geldbeträge in der gleichen Maßeinheit kannst du vergleichen, addieren und subtrahieren. Deshalb musst du manchmal zuerst umwandeln.

Beispiel: 75 ct + 105,95 €

```
entweder      0,75 €        oder        75 ct
          + 105,95 €               + 10 595 ct
               1 1                        1 1
          ----------               -----------
            106,70 €                 10 670 ct
```

Achte auf stellengerechtes Schreiben (Komma unter Komma) und vergiss die Maßeinheiten nicht.

Wenn du Geldbeträge multiplizieren oder dividieren willst, kannst du so vorgehen:

Beispiel: 2,35 € · 6 = 235 ct · 6

```
Rechenweg 1:                 Rechenweg 2:

235 ct · 6                   2,35 € · 6
----------                   ----------
    1410 ct                      14,10 €

1410 ct : 6 = 235 ct         14,10 €: 6 = 2,35 €
12                           12
--                           --
 21                           2 1
 18                           1 8
 --                           ---
  30                            30
  30                            30
  --                            --
   0                             0
```

WICHTIG

So kannst du Geldbeträge aufschreiben:

235 ct = 2 € 35 ct = 2,35 €

Fit fürs G8?

Überprüfe dein Wissen

1. Ordne die Geldbeträge. Beginne jeweils mit dem kleinsten Betrag. **P**

a) 124,95 €; 23 ct; 235 ct; 12 459 ct; 2 € 3 ct

....

b) 12 790,50 €; 100 597 ct; 1 295 € 97 ct; 271,34 €; 72 050 ct

.... 2 ☐

2. Rechne schriftlich und gib das Ergebnis in Euro an.

a) 89 ct + 312 ct + 14 983 ct = ...

b) 597 634 ct – 67 988 ct = ...

c) 65 375 ct · 8 = ...

d) 426 354 ct : 6 = ... 4 ☐

3. Rechne schriftlich.

a) 348,50 € + 12 687,28 € + 163,81 € = ...

b) 15 822,07 € – 8 396,88 € = ...

c) 43 506,25 € · 9 = ...

d) 324 582,36 € : 6 = ... 4 ☐

4. Ein Bleistift kostet 0,84 €. 8 Bleistifte sind in einem Etui.

Wie hoch ist der Gesamtpreis für die Stifte? .... 1 ☐

5. Eine Packung mit 6 Batterien kostet 9,36 €.

Wie viel kostet eine Batterie? .... 1 ☐

0 – 2 Punkte	**3 – 6 Punkte**	**7 – 9 Punkte**	**10 – 12 Punkte**
Wiederhole den Stoff gründlich.	Lies noch einmal die Wissensseite.	Gut! Starte nun die Übungen.	Super! Du bist schon fit fürs G8!

Punktzahl ☐

Übungen

1. Trage in die Stellenwerttafel ein.

9,48 €; 9 ct; 936 ct; 3 596,02 €; 5 €; 505 € 3 ct; 27 498,09 €

10 000 €	1 000 €	100 €	10 €	1 €	10 ct	1 ct

2. Ordne die Geldbeträge aus Aufgabe 1 der Größe nach.
Gib sie in Euro an.

.... > .... > .... > .... >

.... > .... > ....

3. Setze <, > oder = ein.

78 589 ct – 536,14 € ☐ 249,75 € · 2

1 413 € + 1 413 ct ☐ 4 416,39 € : 3

863,09 € · 13 ☐ 5 923,02 € : 6

4. Eine Laugenbrezel kostet 0,52 €. In einer Schule verkauft der Hausmeister in der großen Pause 89 Brezeln. Wie viel Geld hat er eingenommen?

Antwort: ....

5. Sarah kauft für ihre elektrische Zahnbürste eine Packung mit 4 Ersatzbürsten. Sie bezahlt 14,48 €. Wie viel kostet eine Ersatzbürste?

Antwort: ....

6. Berechne.

3 586,12 €	145 782 ct	+	743,46 €	567 844 ct
10 000 €	34 526,12 €	–	82 005 ct	72 658 ct

7. Rechne schriftlich.

a) 748,36 € + 3 576,32 € =

b) 89,75 € · 8 =

c) 589 232 ct + 9 820,06 € =

d) 89,75 € · 32 =

e) 1 000 000 € – 45 542,75 € =

f) 2 568,16 € : 4 =

Sachrechnen

Größen: Längen

Längen werden bei uns in Kilometer (km), Meter (m), Zentimeter (cm) und Millimeter (mm) angegeben:

1 km = 1 000 m = 100 000 cm = 1 000 000 mm

Du kannst nur Längenangaben in der gleichen Maßeinheit vergleichen, addieren und subtrahieren. Deshalb musst du manchmal zuerst umwandeln.

Beispiel: 425 m + 43 cm

entweder		oder	
	42 500 cm		425,00 m
	+ 43 cm		+ 0,43 m
	42 543 cm		425,43 m

Achte auf stellengerechtes Schreiben (Komma unter Komma) und vergiss die Maßeinheiten nicht.

So kannst du mit Längenangaben multiplizieren oder dividieren:

Beispiel: 4,25 m · 7 = 425 cm · 7

Rechenweg 1:

```
425 cm · 7
_____________
     2975 cm

2975 cm : 7 = 425 cm
28
 17
 14
  35
  35
   0
```

Rechenweg 2:

```
4,25 m · 7
_____________
     29,75 m

29,75 m : 7 = 4,25 m
28
 1 7
 1 4
   35
   35
    0
```

WICHTIG

Auf Linealen findest du oft auch INCH. Inch ist eine englische Längeneinheit: 1 inch = 2,54 cm

Fit fürs G8?

Überprüfe dein Wissen

P

1. Ordne der Größe nach: von kurz nach lang.

a) 3 km 75 m; 121 687 cm; 4,030 km; 1 279 m; 5 083 m

....

b) 17 mm; 276,5 cm; 8 cm; 1 743 mm; 567 cm 8 mm

.... 2 ☐

2. Berechne.

a) 3 275,14 m + 2 km 875 m 7 cm = ...

b) 89 524 km – 397 km 525 m = ...

c) 316 km · 8 = ...

d) 2 km 367 m : 3 = ... 4 ☐

3. Rechne aus und gib das Ergebnis in Meter an.

a) 65 cm + 324 m + 3 km = ...

b) 558 km – 3 527 m = ...

c) 2 436 cm · 12 = ...

d) 42 km : 6 = ... 4 ☐

4. Ein Jogger läuft jeden Tag die gleiche Strecke von 8,9 km.

Wie viele Kilometer läuft er in einer Woche? .... 1 ☐

5. Auf einer Rolle sind 25 m Schnur. Es sollen 6 gleich lange Schnüre gespannt werden. Jede Schnur soll 3,83 m lang sein.

Reicht die Schnur auf der Rolle? .... 1 ☐

0 – 2 Punkte	3 – 6 Punkte	7 – 9 Punkte	10 – 12 Punkte
Wiederhole den Stoff gründlich.	Lies noch einmal die Wissensseite.	Gut! Starte nun die Übungen.	Super! Du bist schon fit fürs G8!

Punktzahl ☐

Übungen

1. Berechne.

a) Addiere die Längenangaben.

5 547 m	+	28,750 km	=	
8 346 cm	+	537 m	=	
76 cm	+	354,08 m	=	
54 712 cm	+	3 008,70 m	=	

b) Subtrahiere das kleinste und das größte Ergebnis voneinander.

Differenz: ....

2. Setze die Zahlen so ein, dass du das größtmögliche Ergebnis erreichst.

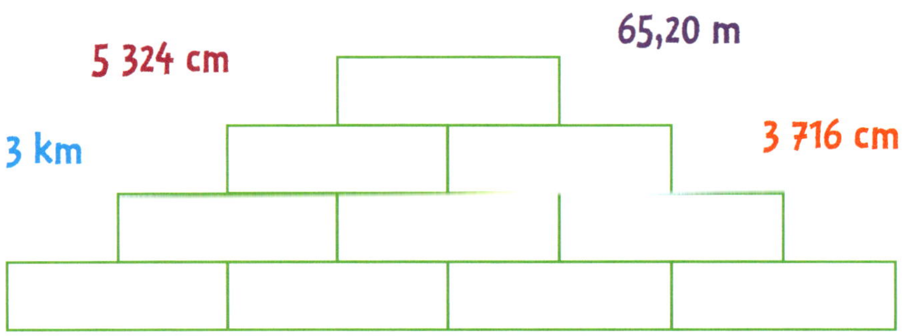

3. Bei den Bundesjugendspielen springt Chris 3,62 m weit. Felix springt 0,12 m weiter. Jana liegt genau dazwischen. Wie weit springt Jana?

Antwort: ....

4. Auf einem Flohmarkt stehen in einer Reihe 6 Tische. Zwischen ihnen ist jeweils ein Abstand von 0,6 m. Jeder Tisch ist 4,20 m lang. Wie lang ist die Reihe?

Antwort: ....

5. Wandle um.

8 km = ... m = ... cm

45,63 m = ... cm = ... mm

15 900 cm = ... m = ... km

56 980 mm = ... cm = ... m

6. Setze die fehlenden Maßeinheiten ein.

842,12 ..... : 4 = 21 053 cm

8,320 ..... · 23 = 191 360 m

15 342 mm · 16 = 24 547,2 .....

666,61 m : 7 = 9 523 .....

Sachrechnen

Größen: Gewichte

Gewichte werden in Tonnen (t), Kilogramm (kg) und Gramm (g) angegeben: 1 t = 1 000 kg = 1 000 000 g

Du kannst Gewichtsangaben nur in der gleichen Maßeinheit vergleichen, addieren und subtrahieren. Deshalb musst du manchmal zuerst umwandeln.

Beispiel: 674 kg + 752 g

entweder	674 000 g	oder	674,000 kg
	+ 752 g		+ 0,752 kg
	674 752 g		674,752 kg

Achte auf stellengerechtes Schreiben (Komma unter Komma) und vergiss die Maßeinheiten nicht.

Wenn du Gewichtsangaben multiplizieren oder dividieren willst, kannst du so vorgehen:

Beispiel: 7,125 kg · 7 = 7 125 g · 7

Rechenweg 1:

7 125 g · 7
49 875 g

49 875 g : 7 = 7 125 g
49
0 8
7
17
14
35
35
0

Rechenweg 2:

7,125 kg · 7
49,875 kg

49,875 kg : 7 = 7,125 kg
49
0 8
7
17
14
35
35
0

WICHTIG

Bei Gewichten werden oft die letzten Nullen nach dem Komma einfach weggelassen.
Beispiel: 3,5 kg = 3,500 kg = 3 500 g

Fit fürs G8?

Überprüfe dein Wissen

P

1. Lies in der Stellenwerttafel ab und schreibe in Kilogramm auf.

	10 kg	1 kg	100 g	10 g	1 g	
a)	5	3	9	6	8	....
b)	4	1	2	3	0	....
c)		3	0	5	6	....
d)		9	1	0	4	....

4 ☐

2. Ordne der Größe nach: von leicht nach schwer.

a) 18 kg 18 g; 183 kg 705 g; 8 393 g; 81 kg 675 g; 850 g

....

b) 86,250 kg; 8 625 g; 86,025 kg; 86 kg 2 g; 68,250 kg

....

2 ☐

3. Rechne aus und gib das Ergebnis in Kilogramm an.

a) 345 g + 612 000 g + 942 g = ...

b) 586 397 g – 2 873 g = ...

c) 4 268 g · 18 = ...

d) 594 000 g : 6 = ...

4 ☐

4. Ein Straußenei wiegt 25-mal so viel wie ein Hühnerei von 70 g.

Wie schwer ist das Straußenei? ....

1 ☐

5. Ein Gorillamann wiegt 320 kg, seine Frau nur ein Viertel davon.

Wie schwer ist die Gorillafrau? ....

1 ☐

0 – 2 Punkte	3 – 6 Punkte	7 – 9 Punkte	10 – 12 Punkte
Wiederhole den Stoff gründlich.	Lies noch einmal die Wissensseite.	Gut! Starte nun die Übungen.	Super! Du bist schon fit fürs G8!

Punktzahl ☐

Übungen

1. Trage die Gewichte in die Stellenwerttafel ein.

38 kg 21 g; 167,56 kg; 3 521 g; 8,5 kg; 17 kg 7 g; $\frac{1}{2}$ t

100 kg	10 kg	1 kg	100 g	10 g	1 g

2. Berechne.

a) 653,125 kg + 78 kg 913 g = ...

b) 1 t – 569,240 kg = ...

c) 73,640 kg · 6 = ...

d) 2 889 t : 9 = ...

3. Rechne aus und ordne die Ergebnisse der Größe nach.

4 339 g · 7 = ...

40 302 g : 6 = ...

13 kg 412 g · 24 = ...

418 510 g : 5 = ...

.... < .... < .... < ....

4. Alle 8 Kisten sollen verladen werden. In den grünen Laster sollen 5 Kisten und in den blauen nur 3 Kisten. Die Kisten im grünen Laster dürfen zusammen höchstens 1 t wiegen, die im blauen höchstens 850 kg.

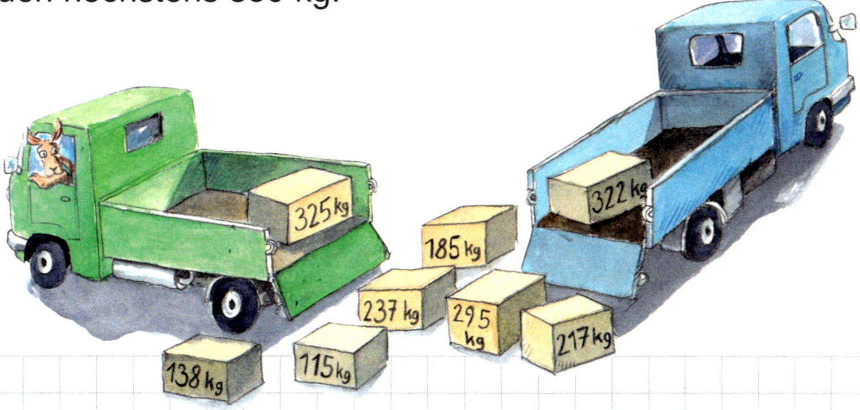

5. Ergänze zu einer Tonne.

a) 875 kg 423 g   b) 96 kg 750 g   c) 54 867 g

d) 666,2 kg   e) 998 g

6. Rechne alle 16 möglichen Aufgaben.

905,52 kg	115,773 kg	128,625 kg	68,334 kg	· / :	3	7

7. In einem Karton sind 24 Honiggläser verpackt. Der Karton wiegt 570 g und ein Honigglas 390 g. Gib das Gesamtgewicht in kg an.

Größen: Hohlmaße

Das Fassungsvermögen von Gefäßen wird in Liter (l) und Milliliter (ml) gemessen: 1 l = 1 000 ml

Oft werden auch kleine Mengen mit Bruchteilen von einem Liter angegeben: $\frac{3}{4}$ l = 750 ml

Du kannst Mengenangaben mit Hohlmaßen nur in der gleichen Maßeinheit miteinander vergleichen, addieren und subtrahieren. Deshalb musst du manchmal zuerst umwandeln.

Beispiel: 575 ml + 3$\frac{1}{4}$ l = 575 ml + 3 l 250 ml = 575 ml + 3 250 ml

```
    575 ml
+ 3 250 ml
----------
  3 825 ml = 3 l 825 ml
```

Wenn du Mengenangaben in Liter oder in Milliliter multiplizieren oder dividieren willst, kannst du so vorgehen:

Beispiel: $\frac{3}{4}$ l · 6 = 750 ml · 6 = 0,75 l · 6

Rechenweg 1:

```
750 ml · 6
----------
  4 500 ml

4 500 ml : 6 = 750 ml
42
--
 30
 30
 --
  00
  00
  --
   0
```

Rechenweg 2:

```
0,75 l · 6
----------
    4,50 l

4,50 l : 6 = 0,75 l
4 2
---
  30
  30
  --
   0
```

WICHTIG

Bruchteile geben immer den wievielten Teil von einer Einheit an.

Beispiel: $\frac{1}{4}$ l ist der 4. Teil von einem Liter.
$\frac{1}{4}$ h ist der 4. Teil von einer Stunde.

Fit fürs G8?

Überprüfe dein Wissen

	P

1. Wandle um.

a) 3 l 750 ml = ... ml

b) 8 525 ml = ... l .... ml

2 ☐

2. Rechne in Milliliter um.

a) 0,7 l = ... b) 1,25 l = ...

c) $\frac{1}{2}$ l = ... d) $\frac{1}{4}$ l = ...

e) $\frac{1}{8}$ l = ... f) $\frac{3}{4}$ l = ...

6 ☐

3. Ordne von wenig zu viel.

a) 10 ml; 325 ml; 75 ml; 6 l; $\frac{1}{4}$ l

....

b) 0,1 l; 21 ml; 0,5 l; $\frac{1}{8}$ l; $\frac{3}{4}$ l

....

2 ☐

4. In einem Wasserkasten sind 12 Flaschen mit je 0,7 l.

Wie viele Liter sind das zusammen? ....

1 ☐

5. In ein Bowlegefäß passen 3 Liter. 2,25 l Saft sind schon für eine Kinderbowle in dem Gefäß. Der Rest soll mit Mineralwasser aufgefüllt werden.
Wie viel ist das genau?

....

1 ☐

0 – 2 Punkte	**3 – 6 Punkte**	**7 – 9 Punkte**	**10 – 12 Punkte**
Wiederhole den Stoff gründlich.	Lies noch einmal die Wissensseite.	Gut! Starte nun die Übungen.	Super! Du bist schon fit fürs G8!

Punktzahl ☐

Übungen

1. Trage in die Stellenwerttafel ein.

3 560 ml; 6 l 430 ml; 0,5 l ; 250 ml

10 l	1 l	100 ml	10 ml	1 ml

2. Wandle um.

a) 6 l = ... ml

b) 4 l 315 ml = ... ml

c) 3 $\frac{1}{2}$ l = ... ml

d) 2 $\frac{1}{2}$ l = ... ml

e) 500 ml = ... l

f) 125 ml = ... l

g) 750 ml = ... l

h) 250 ml = ... l

3. Ordne.

a) 750 ml; $\frac{1}{4}$ l; 300 ml; 1 250 ml; 1,5 l

.... < .... < .... < .... < ....

b) 3 l 425 ml; 3,5 l; 3 $\frac{1}{4}$ l; 3 320 ml; 3,75 l

.... > .... > .... > .... > ....

4. Im Sommer werden Blumen auf einer Terrasse gegossen. Die Gießkanne wird fünfmal mit 4,75 l Wasser aus der Regentonne gefüllt. Wie viel Wasser wurde aus der Regentonne genommen?

Antwort: ....

5. Ergänze zu einem Liter.

a) 375 ml

b) $\frac{1}{4}$ l

c) 582 ml

d) $\frac{1}{8}$ l

6. Berechne.

a) 625 ml + 2,1 l = ...

b) 0,375 l – 115 ml = ...

c) 4 $\frac{1}{4}$ l – 165 ml = ...

d) 5,25 l – 0,125 ml = ...

e) 0,75 l · 8 = ...

f) $\frac{1}{4}$ l · 16 = ...

g) 5 l 325 ml : 3 = ...

h) 4,8 l : 4 = ...

7. Aus einem Glaskrug wurden 12 Gläser mit Apfelsaft gefüllt. In jedem Glas sind 0,2 l Saft. Wie viele Liter Apfelsaft waren in dem Krug?

Sachrechnen

Größen: Zeit

Zeitspannen werden in verschiedenen Einheiten gemessen.

1 Jahr = 12 Monate = 365 Tage oder 366 Tage

1 Monat dauert zwischen 28 und 31 Tagen

1 Woche = 7 Tage

1 Tag = 24 Stunden (h)

1 Stunde (h) = 60 Minuten (min) = 3 600 Sekunden (s)

Um Zeitspannen auszurechnen oder Zeitpunkte zu bestimmen, hilft oft ein Pfeilbild.

Beispiele:

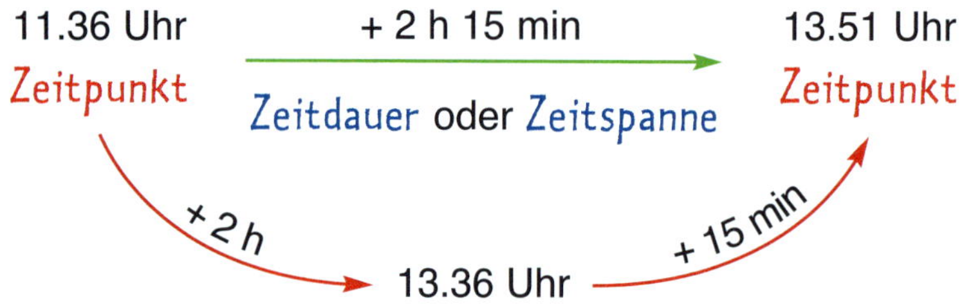

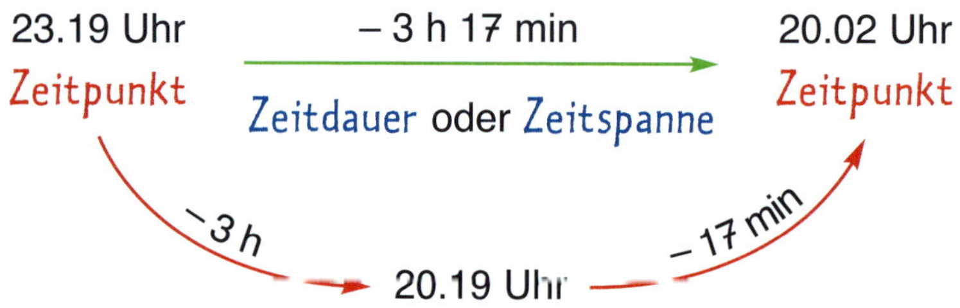

WICHTIG

Im Schaltjahr hat das Jahr 366 Tage, weil dann der Februar 29 Tage hat. Wenn eine Jahreszahl durch 4 teilbar ist, haben wir ein Schaltjahr.

Fit fürs G8?

Überprüfe dein Wissen

1. Wandle in Sekunden um. P

a) 2 h = ... b) 4 h 30 min = ...

c) $\frac{1}{2}$ h = ... d) $1\frac{1}{2}$ h = ...

e) $\frac{1}{4}$ h = ... 5 ☐

2. Wie viele Tage liegen

a) zwischen dem 17. September und dem 28. Dezember?

....

b) zwischen dem 3. April und dem 14. August?

.... 2 ☐

3. Berechne die Zeitdauer. Male ein Pfeilbild und rechne aus.

a) von 10.28 Uhr bis 15.53 Uhr: ....

b) von 23.45 Uhr bis 14.37 Uhr: .... 2 ☐

4. Schreibe die Uhrzeit auf.

a) 10 Minuten später als 19.51 Uhr: ....

b) 10 Stunden später als 19.51 Uhr: .... 2 ☐

5. Ein ICE kommt um 19.26 Uhr in München an. Wann ist er in Mannheim abgefahren, wenn die Fahrzeit 2 Stunden und 55 Minuten dauert?

.... 1 ☐

0 – 2 Punkte	3 – 6 Punkte	7 – 9 Punkte	10 – 12 Punkte
Wiederhole den Stoff gründlich.	Lies noch einmal die Wissensseite.	Gut! Starte nun die Übungen.	Super! Du bist schon fit fürs G8!

Punktzahl ☐

Übungen

1. Wandle um.

a) 3 Jahre = ... Monate

b) 6 Wochen = ... Tage

c) 4 Tage = ... Stunden

d) 1,5 Tage = ... Stunden

e) 3 h = ... min

f) 7 h 19 min = ... s

g) 106 980 s = ... min

h) 16 200 s = ... h .... min

2. Male Pfeilbilder und berechne die Zeitdauer.

von 16:43 bis 21:30

von 20:09 bis 7:13

von 23:46 bis 8:12

3. Martins Osterferien dauern 14 Tage. Sein erster Ferientag ist der 28. März. Wann hat er wieder Schule?

Antwort: ....

4. Wie viele Stunden und Minuten hatte der 29. Februar im Jahr 2006?

Antwort: ....

5. Schreibe die Namen der Monate mit 31 Tagen auf.

6. Berechne die Zeitdauer.

a) von 7.45 Uhr bis 13.15 Uhr

b) von 23.48 Uhr bis 6.00 Uhr

7. Berechne die fehlenden Angaben.

Beginn	Dauer (h/min)	Ende
	3 h 43 min	19.28 Uhr
16.57 Uhr	11 h 9 min	
21.36 Uhr		19.45 Uhr
	4 h 27 min	3.04 Uhr
4.28 Uhr	8 h 16 min	

8. Eine Kindersendung beginnt um 15.55 Uhr und dauert 28 Minuten. Wann ist sie zu Ende?

Angewandtes Rechnen mit Größen

Sachaufgaben sind meistens in Textform geschrieben. Den Text musst du genau lesen, damit du verstehst, was du berechnen musst. Die Schritte auf Seite 42 können dir helfen.

Manchmal musst du bei Sachaufgaben die Angaben aus einer Tabelle oder aus einem Diagramm entnehmen.

Es ist auch oft schwierig, den richtigen Rechenweg zu finden. Dabei kann dir eine Zeichnung wie z. B. ein Pfeilbild oder ein anderes Schaubild helfen.

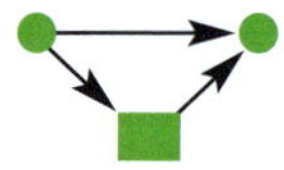

Beispiel: Auf einer Straße sind auf einer Länge von 28 m 7 Parkplätze hintereinander eingezeichnet. Wie lang ist ein Parkplatz?

Hier findest du drei Beispiele für Schaubilder, die dir beim Lösen dieser Sachaufgabe helfen können:

Rechenbaum

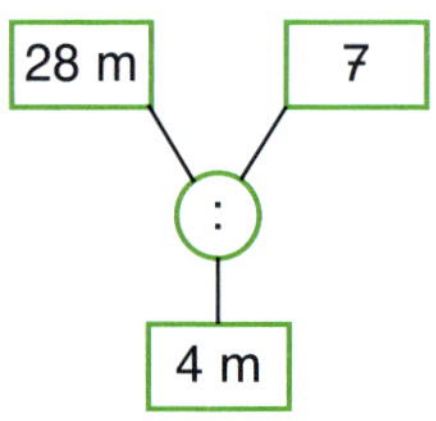

Skizze

Tabelle

: 7	7	28 m	: 7
	1	4 m	

WICHTIG

Bei Sachaufgaben sind die Zahlen meistens in bestimmten Maßeinheiten angegeben. Deshalb musst du sicher im Umgang mit Maßeinheiten sein.

Fit fürs G8?

Überprüfe dein Wissen

P

1. Zeichne einen Rechenbaum und rechne danach aus.

Eine Klasse kauft 24 Kinokarten. Eine Karte kostet 3,80 €.
Was kosten die Karten zusammen? 2

2. Berechne.

1	8,25 kg
17	

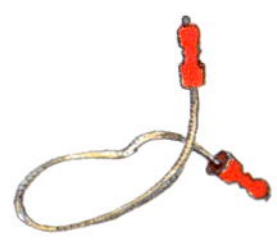

1	4,25 €
24	

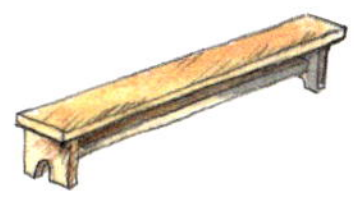

1	
9	36,54 m

3

3. Lies die Niederschlagsmenge ab.

a) im Januar: ....
b) im August: ....
c) im Mai: ....
d) wann am meisten: ....
e) wann am wenigsten: ....
f) im 1. Vierteljahr zusammen:
....

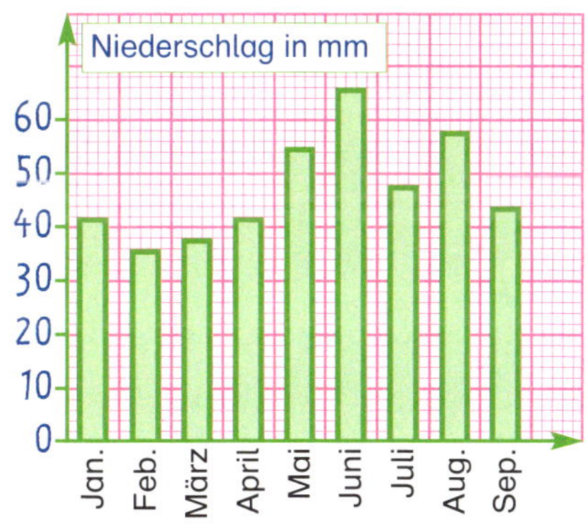

6

4. Wie viele Latten braucht man für einen Zaun von 9,50 m Länge, wenn eine Latte 20 cm breit ist und zwischen den Latten ein Abstand von 10 cm ist? Mache ein Skizze und rechne aus.

.... 1

0 – 2 Punkte
Wiederhole den Stoff gründlich.

3 – 6 Punkte
Lies noch einmal die Wissensseite.

7 – 9 Punkte
Gut! Starte nun die Übungen.

10 – 12 Punkte
Super! Du bist schon fit fürs G8!

Punktzahl

Übungen

1. Herr Schlosser tankt sein Auto voll. Der Liter Benzin kostet 1,19 €. Er tankt 68 Liter und bezahlt mit einem 100-EuroSchein. Wie viel Geld bekommt er zurück?

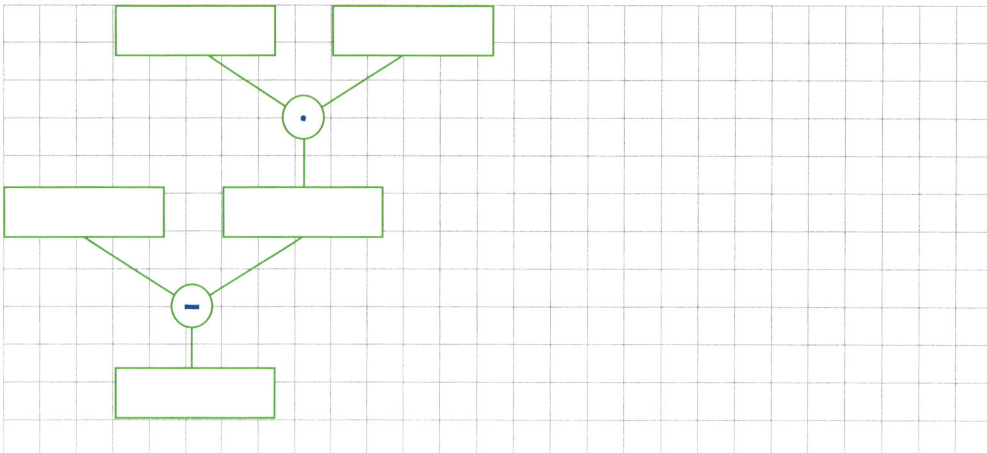

Antwort: ....

2. Ein ICE fährt um 22.53 Uhr in Hamburg ab und soll planmäßig um 7.07 Uhr in Stuttgart ankommen. Er hat aber 23 Minuten Verspätung. Wie lange war er unterwegs? Zeichne zuerst ein Pfeilbild und rechne dann aus.

Antwort: ....

3. Berechne.

a) Stelle die Einwohnerzahl der Städte in einem Diagramm dar.

Stuttgart (S)	卌 卌 ||
München (M)	卌 卌 卌 卌 ||||
Karlsruhe (KA)	卌 |
Mannheim (MA)	卌 |
Heidelberg (HD)	|||

| = 50 000 Einwohner

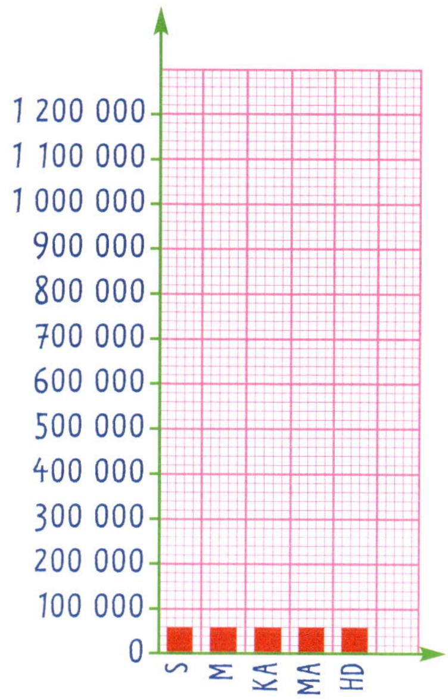

b) Wie viele Einwohner hat die größte Stadt und wie heißt sie?

Antwort: ....

c) Wie groß ist der Unterschied zur nächstkleineren Stadt?

Antwort: ....

d) Wie heißt die kleinste Stadt und wie viele Einwohner hat sie?

Antwort: ....

4. In einem Schulflur werden 25 Bilder aufgehängt. Sie sollen voneinander den gleichen Abstand haben. Jedes Bild ist 35 cm breit. Der Flur ist 12,15 m lang. Am Ende und am Anfang der Bilderreihe sollen 50 cm frei bleiben. Berechne den Abstand zwischen den Bildern. Zeichne vorher eine Skizze.

Antwort: ....

5. Frau Klein will die preisgünstigsten Nudeln kaufen. Im Nudelregal stehen folgende Packungen: 500 g für 95 ct, 1 000 g für 1,80 €, 700 g für 1 € 40 ct. Welches ist die günstigste Packung?
Löse die Aufgabe mithilfe einer Tabelle.

Antwort: ....

6. Nick hat eine Holzeisenbahn. Jedes Schienenstück ist 23,5 cm lang. Er hat 43 Schienen. Wie lang ist die Schienenstrecke? Zeichne einen Rechenbaum in dein Heft und rechne aus.

Antwort: ....

7. Fabian und Sophie wollen sich für den Karnevalsumzug in ihrer Heimatstadt verkleiden. In einer alten Kiste auf dem Dachboden finden sie 3 verschiedene Perücken und 4 Brillen. Wie viele verschiedene Möglichkeiten gibt es für die beiden, Perücke und Brille zu kombinieren? Zeichne zuerst eine Skizze, berechne dann das Ergebnis.

8. Für ein hart gekochtes Ei braucht man 8 Minuten Kochzeit. Wie lange brauchen 5 Eier?

9. Herr Brecht kauft ein Auto zum Grundpreis von 28 932,00 €. Er kauft dazu Sonderzubehör für 2 800,00 € und er bekommt einen Nachlass in Höhe von 1 200 €, weil er bar bezahlt. Sein altes Auto gibt er für 7 590 € in Zahlung.

a) Wie viel PS hat das neue Auto?
b) Wie teuer ist sein neues Auto?
c) Was muss er noch bezahlen?
d) Wie teuer ist das Zubehör?
e) Was zeigt der Kilometerstand seines alten Autos an?
f) Wie heißt der Autoverkäufer?
g) Wie viel kostet das Benzin für das neue Auto?

10. Ein Hofkehrer braucht zum Fegen eines Schulhofes genau 2 Stunden und 20 Minuten. Nun bekommt er Hilfe von einem Kollegen. Wie viele Minuten brauchen die beiden Hofkehrer zum Fegen des Schulhofes, wenn sie gleich viel arbeiten? Zeichne zuerst eine Tabelle, berechne dann das Ergebnis.

Das erwartet dich im G8: Rechnen mit ausländischen Währungen, Zeitpunkt und Zeitspanne berechnen

Weltweit gibt es viele unterschiedliche Währungen, z. B. den Euro (€), Amerikanische Dollar (US$), Britische Pfund (£), Japanische Yen (YEN) oder Dänische Kronen (DKK).

Um von einer Währung in eine andere umzurechnen, benötigt man Umrechnungstabellen. Diese Sortenkurse bekommt man bei Banken und im Internet.

1 $ = 0,77 €   1 € = 1,30 $ 1 £ = 1,39 €   1 € = 0,72 £

Achtung: Währungskurse ändern sich laufend!

Um einen Zeitpunkt zu berechnen,
– addiere oder subtrahiere zunächst die vollen Stunden und
– anschließend die restlichen Minuten.

Das Fußballspiel beginnt um 8.50 und dauert 90 Minuten. Wann ist es zu Ende? (90 min = 1 h 30 min)

8.50 Uhr	+ 1 h:	9.50 Uhr
9.50 Uhr	+ 30 min:	10.00 + 20 min

Das Fußballspiel endet um 10.20 Uhr.

Um eine Zeitspanne zu berechnen,
– ergänze zuerst bis zur nächsten Stunde;
– addiere die vollen Stunden;
– addiere die restlichen Minuten.

Wie lange dauert das Theaterstück? Es beginnt um 19.50 und endet um 21.55.

10 min + 1 h + 55 min = 2 h 5 min

Das Theaterstück dauert 2 h 5 Min.

Fit fürs G8?

Überprüfe dein Wissen

P

1. Berechne.

a) 12,98 € – 3 € 70 ct + 4,12 €   b) 45 min + 2 h 23 min – 360 s

2 ☐

2. Schreibe in Kommaschreibweise.

a) 7 € 13 ct   b) 96 € 2 ct
c) 3 d 12 h   d) 45 min 30 s

2 ☐

3. Rechne in die in Klammern stehende Einheit um.

a) 12,13 € (ct)   b) 3,5 d (min)

2 ☐

4. Wähle eine kleinere Einheit, sodass kein Komma mehr nötig ist.

a) 1 234,02 €   b) 6,25 min

2 ☐

5. Ordne die folgenden Geldbeträge der Größe nach.

0,75 €   123 ct   23 € 10 ct   10,23 €   1 230 ct   10 € 3 ct

2 ☐

6. Addiere bzw. subtrahiere die Zeitangaben und gib das Ergebnis in einer sinnvollen Einheit an:

a) 3 h + 7,5 h + 22 h
b) 20 h + 1 d 18 h + 6,5 d – 30 h

2 ☐

0 – 2 Punkte	**3 – 6 Punkte**	**7 – 9 Punkte**	**10 – 12 Punkte**
Wiederhole den Stoff gründlich.	Lies noch einmal die Wissensseite.	Gut! Starte nun die Übungen.	Super! Du bist schon fit fürs G8!

Punktzahl ☐

Übungen

1. Familie Löhr kommt von einem USA-Urlaub zurück. Der Flug hat 1 230 € gekostet, das Hotel in Amerika berechnete 1 600 US$ und für den Leihwagen mussten 750 US$ bezahlt werden. Zudem hatten sie 1 200 US$ eingetauscht. Wie viel Euro hat der gesamte Urlaub gekostet? (Verwende den Umrechnungskurs von Seite 78.)

2. In der rechten und in der linken Spalte stehen jeweils dieselben Zeitangaben, allerdings in unterschiedlichen Reihenfolgen. Suche zu jeder Zeitangabe in der linken Spalte die entsprechende Zeitangabe in der rechten Spalte und verbinde beide durch eine Linie miteinander.

4 h 15 min	12,5 h
1 h 2 min	134,5 min
167 s	5 h 30 min
5,5 h	1 h 90 s
3 d 18 h	255 min
45 000 s	2 d 60 min
61,5 min	5 400 min
49 h	2 min 47 s
2 h 14 min 30 s	3 720 s

3. Das Herz eines Kindes schlägt etwa 80 mal pro Sekunde. Wie oft schlägt es pro Minute (pro Stunde/pro Tag/pro Woche)?

4. Jens hat auf einem Videoband mit 240 min Spieldauer einen Film mit 2 h, 12 min und 45 s Länge aufgenommen. Wie viele Sendungen seiner Lieblingsserie von jeweils 32 Minuten kann Jens auf diesem Band noch aufnehmen? Was verbleibt als Rest?

5. Bei einer Wüstenrallye erreichte der schnellste Fahrer eine Siegzeit von 1 h, 15 min und 56 s (1:15:56). Vier nachfolgende Fahrer kamen mit folgenden Zeiten ins Ziel:

1:17:43 1:22:57 1:26:04 1:27:31

Ermittle jeweils die Zeitdifferenz zur Siegzeit.

6. Die Schüler der Klasse 5 d wurden befragt, wann sie am Wochenende abends ins Bett gehen und wann sie morgens aufstehen. Wie lange haben die einzelnen Schüler im Bett gelegen? Gib in Stunden und Minuten an.

Uhrzeit beim Schlafengehen	Uhrzeit beim Aufstehen	Zeitspanne im Bett
20.35 Uhr	7.45 Uhr	
21.42 Uhr	9.05 Uhr	
19.55 Uhr	7.34 Uhr	
21.22 Uhr	8.50 Uhr	
22.10 Uhr	9.27 Uhr	

Geometrie

Ebene Figuren

So können ebene Figuren aussehen:

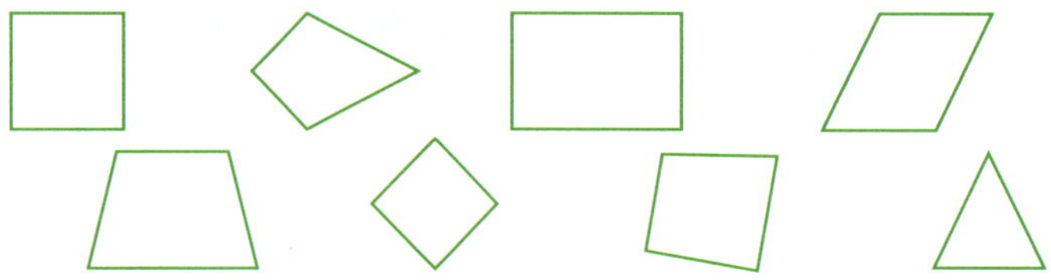

Ebene Figuren werden nach der Anzahl ihrer Ecken benannt.

Beispiele:

Viereck Dreieck Achteck

Besondere Vierecke sind das Quadrat  und das Rechteck .

Bei einer ebenen Figur kannst du den Umfang und die Größe der Fläche berechnen.

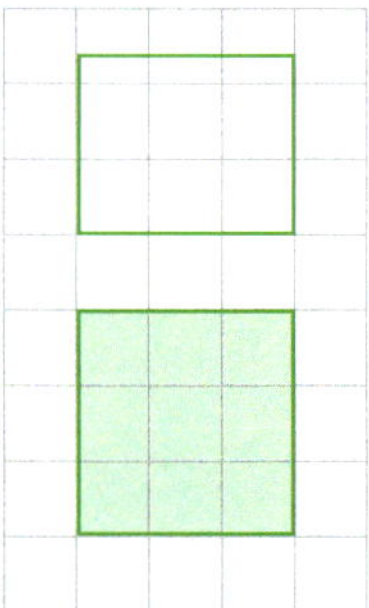

Die Summe der Seitenlängen ist der Umfang.
1,5 cm + 1,2 cm + 1,5 cm + 1,2 cm = 5,4 cm

Die Größe einer Fläche (Flächeninhalt) kannst du mit quadratischen Karos  ausmessen. Diese Fläche ist 9 Karos groß.

WICHTIG

Der Kreis gehört zu den ebenen Figuren, auch wenn er keine sichtbaren Ecken hat.

Fit fürs G8?

Überprüfe dein Wissen

P

1. Bestimme die Anzahl der

a) Vierecke: ....

b) Quadrate: ....

c) Rechtecke: ....

d) Dreiecke: ....

4 ☐

2. Bestimme den Umfang in cm durch Messen.

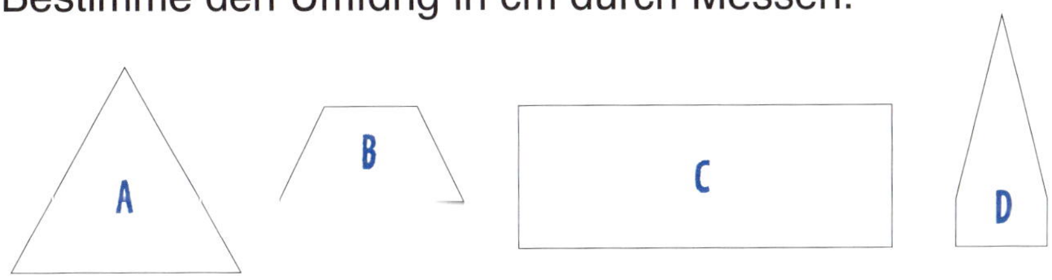

A: .... B: .... C: .... D: ....

4 ☐

3. Bestimme die Flächeninhalte. Gib sie in Karos an.

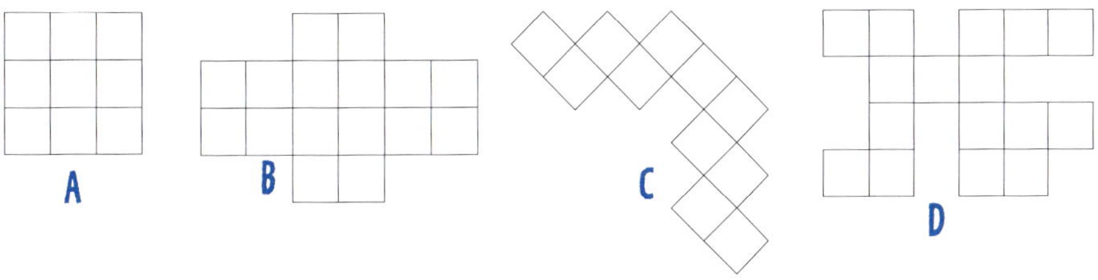

A: .... B: .... C: .... D: ....

4 ☐

0 – 2 Punkte	3 – 6 Punkte	7 – 9 Punkte	10 – 12 Punkte
Wiederhole den Stoff gründlich.	Lies noch einmal die Wissensseite.	Gut! Starte nun die Übungen.	Super! Du bist schon fit fürs G8!

Punktzahl ☐

Übungen

1. Zähle die Rechtecke, Quadrate und Dreiecke, die du in dieser Figur siehst. Schreibe die Anzahl auf.

Rechtecke: ....

Quadrate: ....

Dreiecke: ....

2. Zeichne Vierecke. Ihre Seitenlinien sollen auf den Linien des Karopapiers liegen.

Figur A: 2 Seiten sind je 4 cm und 2 Seiten sind je 3 cm lang.
Figur B: Jede Seite ist 3 cm lang.

Wie heißen diese Vierecke?

Figur A: .... Figur B: ....

3. Zeichne ein Quadrat mit einem Umfang von 16 cm. Wie lang sind die Seiten jeweils?

4. Zeichne ein Rechteck. Der Flächeninhalt soll mit 21 quadratischen Karos ausgelegt werden. Eine Seite ist 3 cm lang.

5. Ein Fliesenleger fliest eine Terrasse. Damit er weiß, wie viele Fliesen er für die gesamte Fläche braucht, macht er sich eine Skizze. Wie viele quadratische Karos kann er insgesamt einzeichnen?

Die Fläche ist .... Karos groß.

6. Bestimme die Flächeninhalte der Dreiecke.

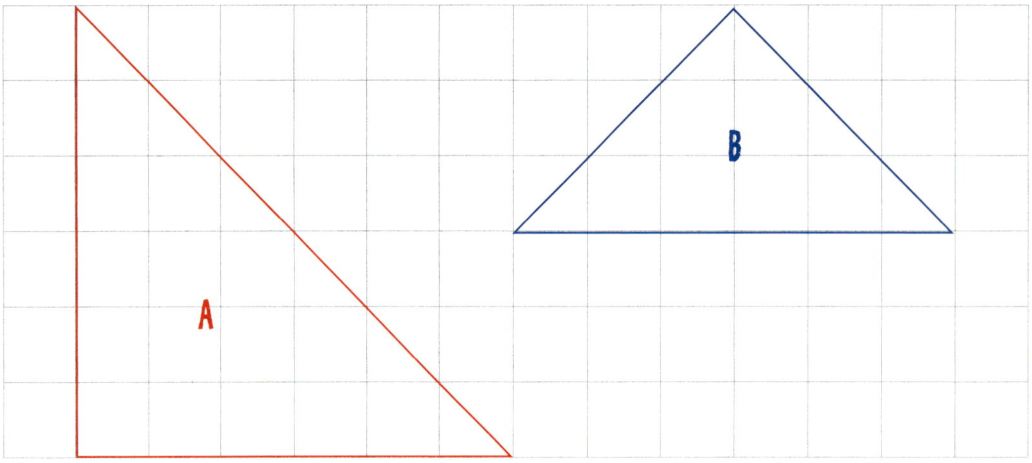

Dreieck A ist .... Karos groß.

Dreieck B ist .... Karos groß.

7. Suche gleich große Flächen.

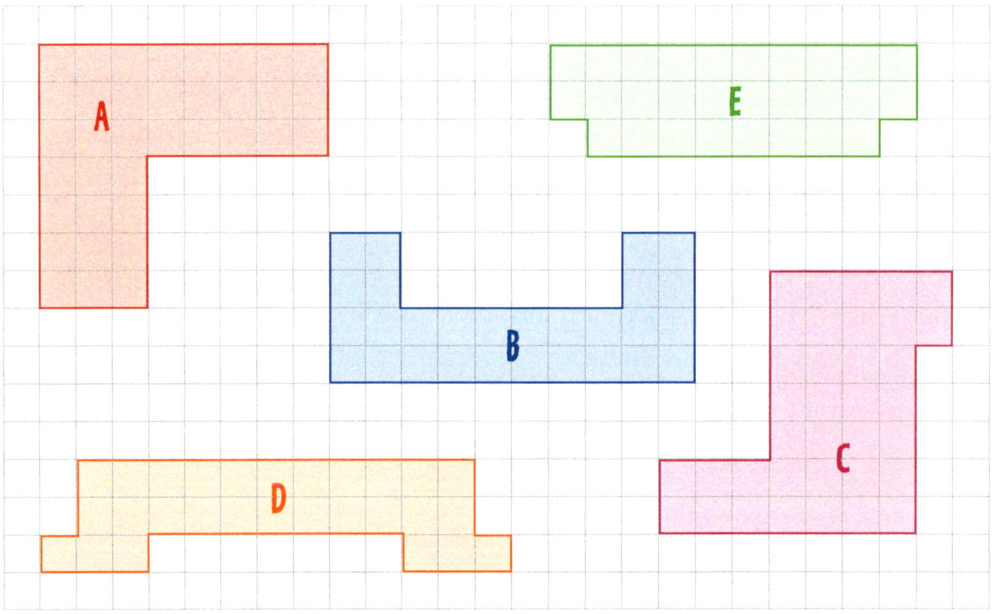

Gleich groß sind: ....

8. Übertrage die Figuren in dein Heft. 1 Karo soll in deinem Heft 1 cm lang und 1 cm breit sein.

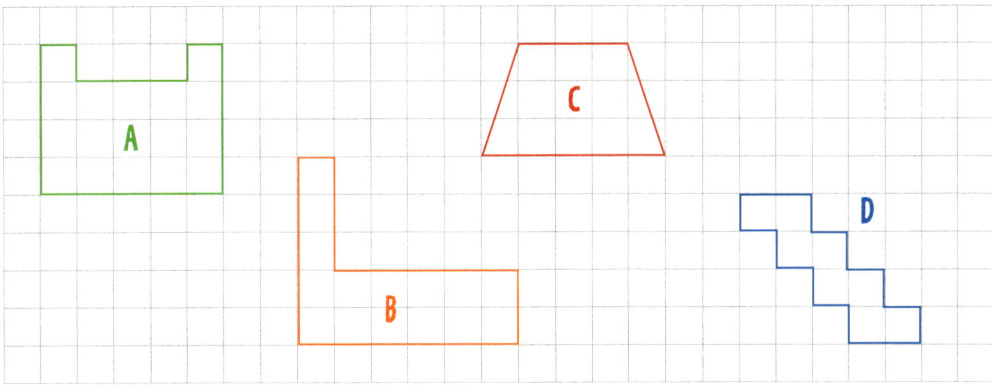

☐✓

9. Miss oder berechne von jeder Figur aus Aufgabe 8 den Umfang. ☐✓

10. Gib von jeder Figur aus Aufgabe 8 den Flächeninhalt in Karos an. ☐✓

11. Gib die Figur mit dem größten und die Figur mit dem kleinsten Flächeninhalt an. ☐✓

12. Zeichne ein Rechteck mit dem Umfang von 20 cm in dein Heft. Zwei Seiten sind je 8 cm lang. Wie lang sind die anderen beiden Seiten? ☐✓

13. Zeichne ein Quadrat mit dem Umfang von 20 cm. Wie lang ist jede Seite? ☐✓

14. Vergleiche die Flächeninhalte der beiden Figuren aus Aufgabe 12 und Aufgabe 13. Welcher Flächeninhalt ist größer? ☐✓

Geometrie

Körperformen

Das sind geometrische Körper:

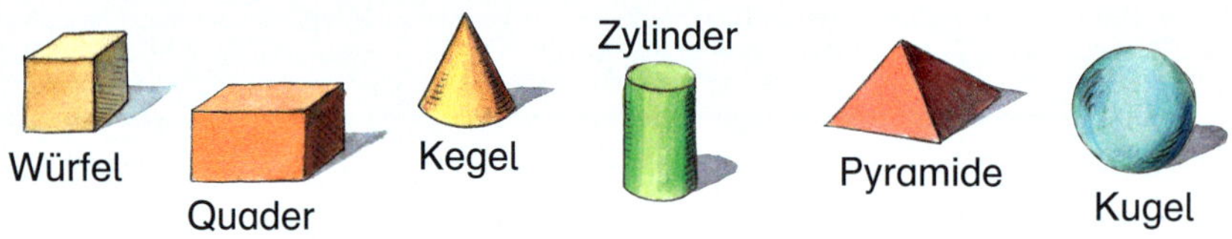

Viele Körper haben Flächen, Kanten und Ecken.

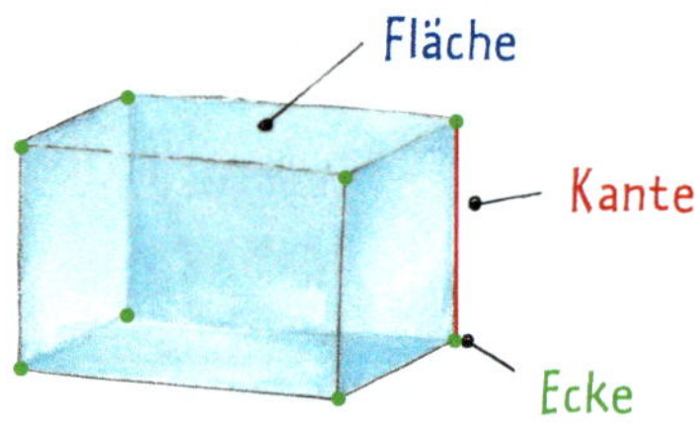

Jeder Körper kann so aufgeklappt werden, dass ein Netz entsteht. Ein Körpernetz hat die Eigenschaft, dass die aufgeklappten Flächen so zusammenhängen, dass daraus wieder der Körper zusammengebaut werden kann.
So können Netze aussehen:

Würfelnetz Quadernetz

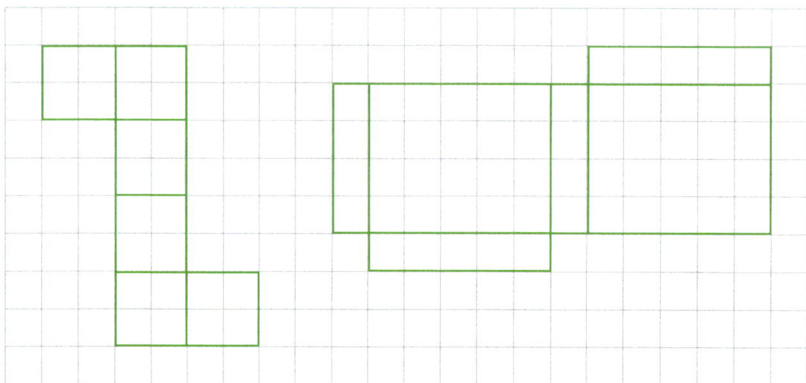

WICHTIG

Bei einem Spielwürfel ist die Summe der Würfelaugen der gegenüberliegenden Flächen immer 7.

Fit fürs G8?

Überprüfe dein Wissen

P

1. Wie heißt der geometrische Körper mit diesen Eigenschaften?

a) 6 Flächen, 8 Ecken, 12 gleich lange Kanten: ....

b) 5 Flächen, 8 Kanten, 5 Ecken: ....

c) 2 Flächen, 1 Kante, 1 Ecke: ....

d) 1 Fläche, 0 Kanten, 0 Ecken: ....

4 ☐

2. Beantworte die Fragen.

a) Wie heißt dieser Körper? ....

b) Wie viele Flächen hat er? ....

c) Wie viele Kanten hat er? ....

d) Wie viele Ecken hat er? ....

4 ☐

3. Entscheide und kreuze jeweils an, ob es ein Quadernetz ist.

a)

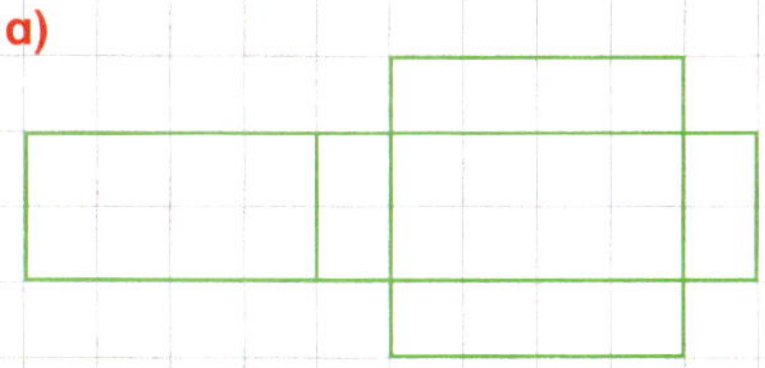

ja | nein

b)

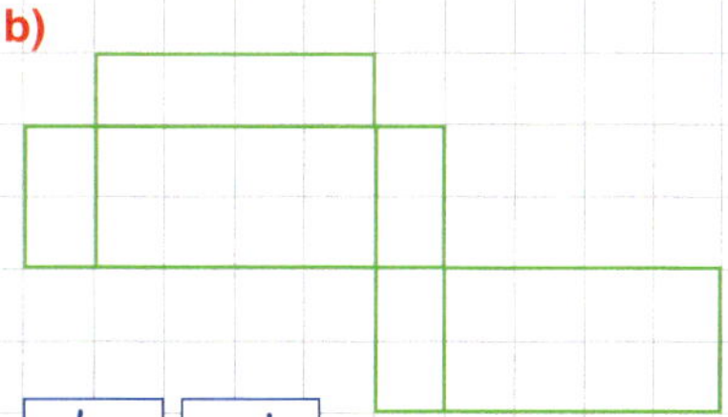

ja | nein

2 ☐

4. Die rote Fläche ist die Grundfläche. Welche Farbe hat die gegenüberliegende Fläche?

a)

....

b)

....

2 ☐

0 – 2 Punkte Wiederhole den Stoff gründlich.	**3 – 6 Punkte** Lies noch einmal die Wissensseite.	**7 – 9 Punkte** Gut! Starte nun die Übungen.	**10 – 12 Punkte** Super! Du bist schon fit fürs G8!

Punktzahl ☐

Übungen

1. Welcher Gegenstand hat welche Körperform? Kreuze an.

			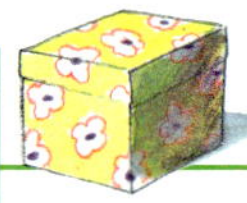		
Würfel					
Quader	X				
Zylinder					
Pyramide					
Kegel					
Kugel					

Würfel				
Quader				
Zylinder				
Pyramide				
Kegel				
Kugel				

2. Schreibe die Anzahl der Flächen auf.

Ein Würfel hat .... Flächen.

Ein Quader hat .... Flächen.

Ein Zylinder hat .... Flächen.

Eine Pyramide hat .... Flächen.

Ein Kegel hat .... Flächen.

3. Zeichne die fehlenden Würfelaugen ein.

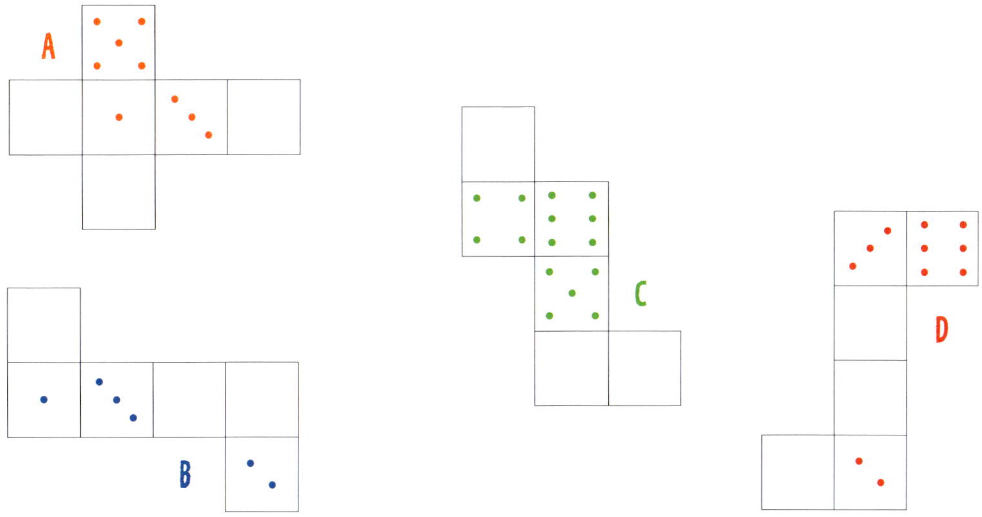

4. Ordne jedem Quader das passende Quadernetz zu.

Quadernetz A gehört zu: ....

Quadernetz B gehört zu: ....

Quadernetz C gehört zu: ....

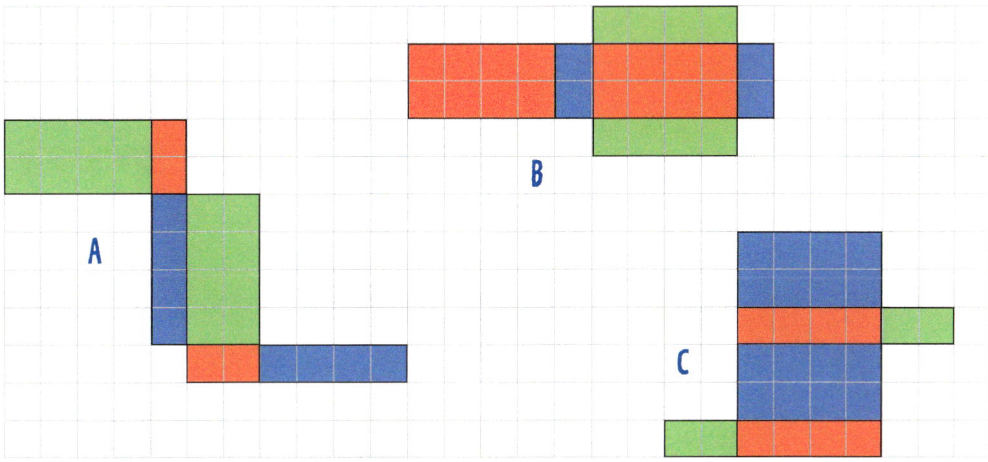

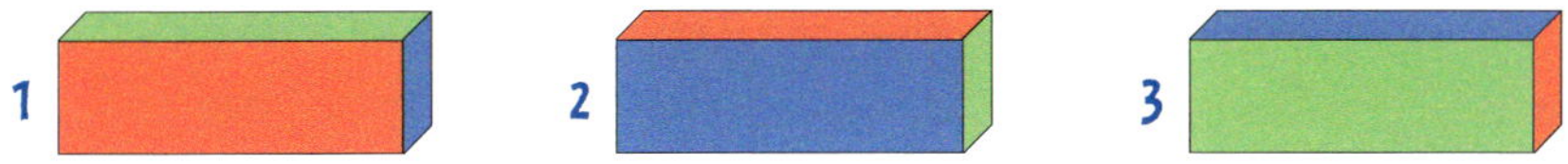

5. Trage in die Baupläne die Anzahl der Würfel ein.

2			
2	1	1	
2			

a)

b)

c)

6. Aus wie vielen Würfeln besteht jede Figur?

.... Würfel .... Würfel .... Würfel

7. Welche Körper erkennst du in den Bauklötzen?
Wie viele Flächen, Kanten und Ecken hat das aus den beiden Bauklötzen bestehende Haus?

8. Zeichne zu jedem der drei Würfelbauten den passenden Bauplan.

9. Finde die Netze heraus, die Würfelnetze sind, und notiere die dazugehörigen Buchstaben.

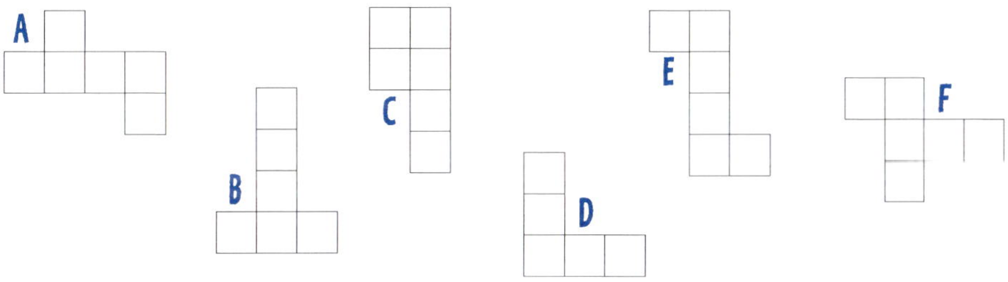

10. Schreibe die Anzahl der Kugeln für jede dieser Pyramiden auf.

Geometrie

Geometrisches Zeichnen

Eine gerade Linie heißt Gerade, wenn sie nicht durch Endpunkte begrenzt wird.

Eine gerade Linie heißt Strecke, wenn sie durch Punkte begrenzt wird.

Eine Strecke vom Mittelpunkt (M) eines Kreises zu einem Punkt auf der Kreislinie heißt Radius (r).
Um diese Strecke öffnet man zum Zeichnen eines Kreises den Zirkel. Der doppelte Radius ist der Durchmesser (d) des Kreises.

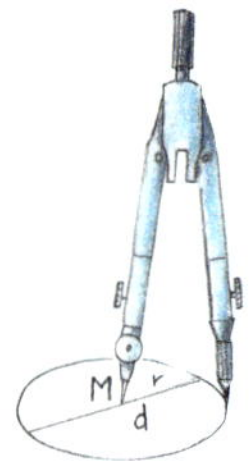

Strecken kannst du mit dem Lineal oder mit dem Geodreieck zeichnen und messen.

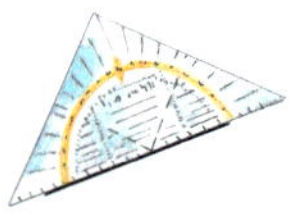

Mit dem Geodreieck kannst du auch rechte Winkel und Parallelen zeichnen.

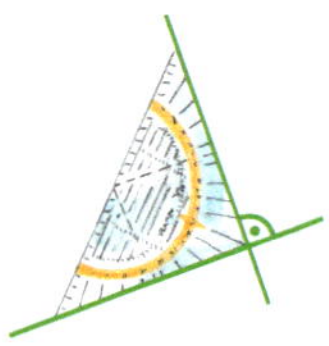

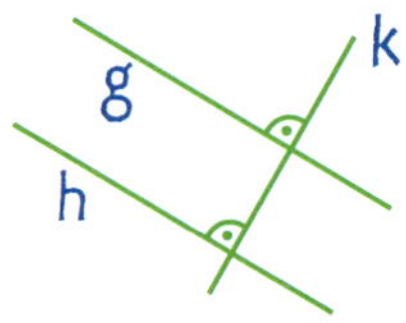

Die Gerade g ist parallel zu der Geraden h und umgekehrt, weil sie überall den gleichen Abstand voneinander haben. Die Gerade k ist senkrecht zu h und g, weil sie mit den Geraden g und h rechte Winkel einschließt.

WICHTIG

Beim geometrischen Zeichnen kommt es besonders auf genaues Zeichnen an. Achte auch auf einen gespitzten Bleistift.

Fit fürs G8?

Überprüfe dein Wissen

1. Miss die Strecken und schreibe die Längen in cm auf. Pass auf, es sind auch zwei Geraden dabei.

... = ... = ... = ... = ...

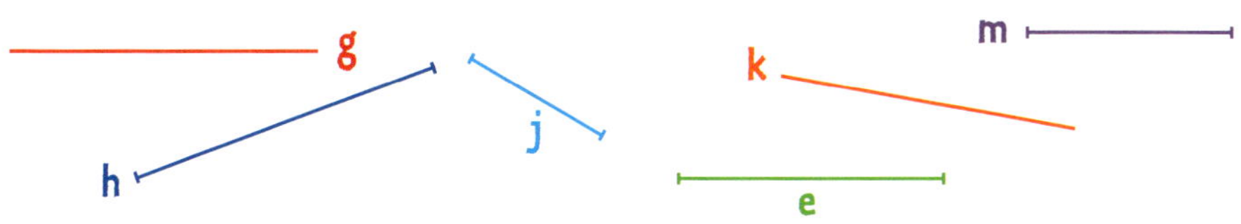

P

4 ☐

2. Suche die Parallelen zu g und schreibe sie auf. Überprüfe mit dem Geodreieck.

Die parallelen Geraden zu g sind: ....

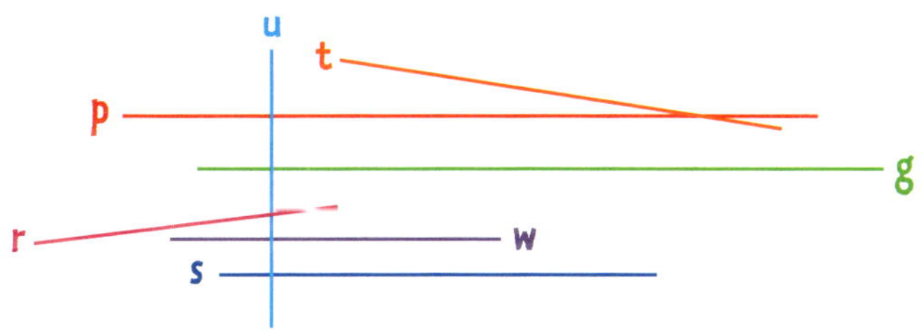

4 ☐

3. Kreuze die Aussagen an, die wahr sind.

a) Eine Gerade ist unendlich lang. ☐
b) 2 parallele Geraden sind senkrecht zueinander. ☐
c) 2 Geraden bilden einen rechten Winkel, wenn sie senkrecht zueinander stehen. ☐
d) Die Länge einer Strecke kannst du messen. ☐
e) Ein Kreis mit einem Radius von 3 cm hat einen Durchmesser von 6 cm. ☐

4 ☐

0 – 2 Punkte	**3 – 6 Punkte**	**7 – 9 Punkte**	**10 – 12 Punkte**
Wiederhole den Stoff gründlich.	Lies noch einmal die Wissensseite.	Gut! Starte nun die Übungen.	Super! Du bist schon fit fürs G8!

Punktzahl ☐

Übungen

1. Zeichne Strecken.

a = 5 cm   b = 4,3 cm   c = 2,7 cm

2. Zeichne mit dem Geodreieck 4 Geraden, die zu g parallel sind.

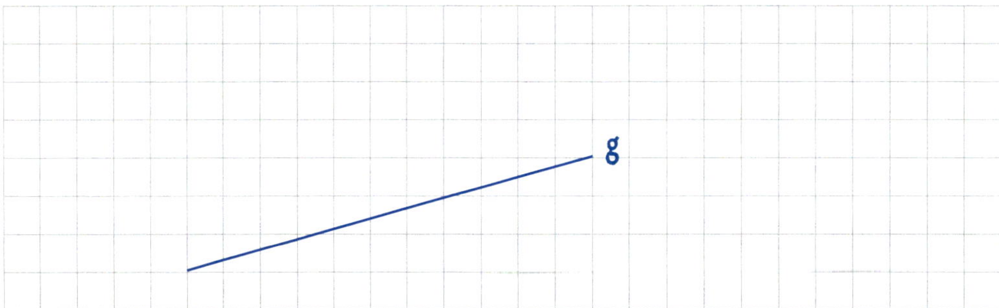

3. Zeichne 2 Geraden, die zu g senkrecht sind.

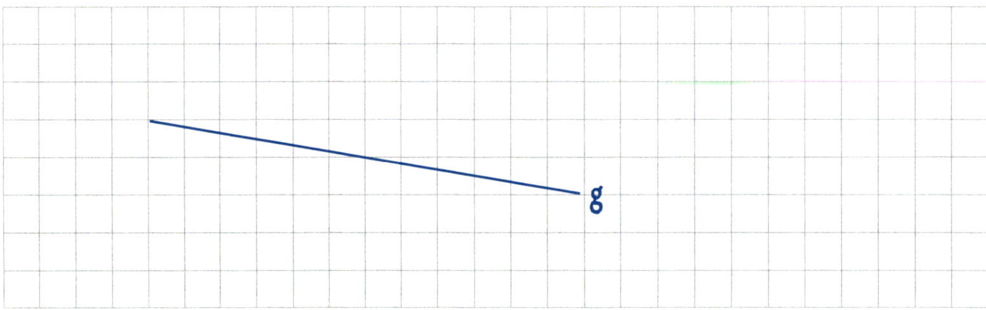

Wie viele rechte Winkel entstehen dabei? ....

4. Zeichne alle parallelen Geraden zu h rot nach.

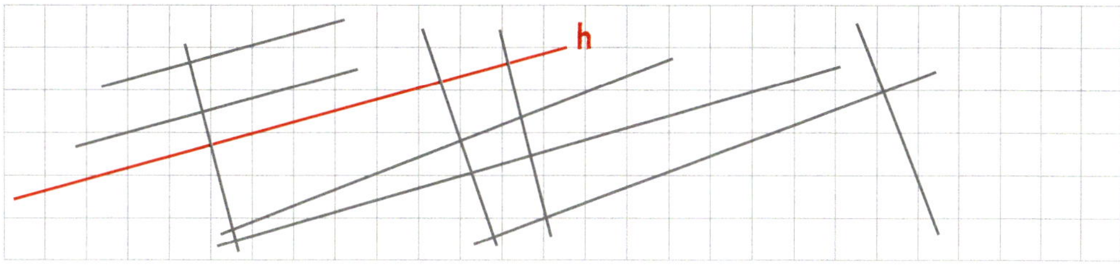

5. Zeichne die rechten Winkel ein.

6. Zeichne Quadrate.

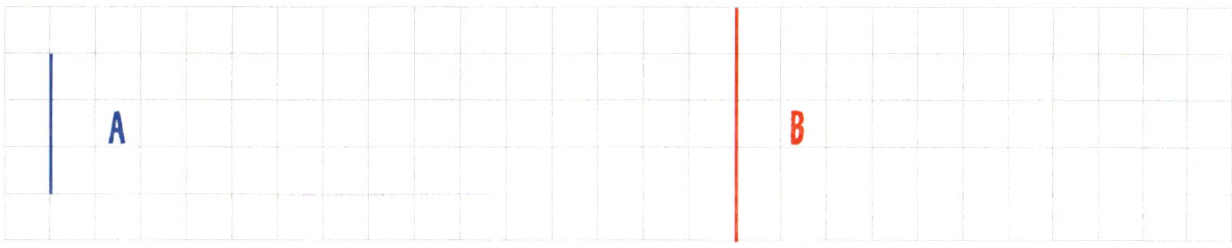

7. Zeichne Rechtecke. Die Seitenlänge, die nicht gezeichnet ist, beträgt 2,5 cm (1 Karo = 0,5 cm).

8. Bestimme den Umfang der Vierecke in den Aufgaben 6 und 7 durch Messen und Rechnen.

A = ... B = ... C = ... D = ...

9. Setze die Muster fort. Benutze das Geodreieck.

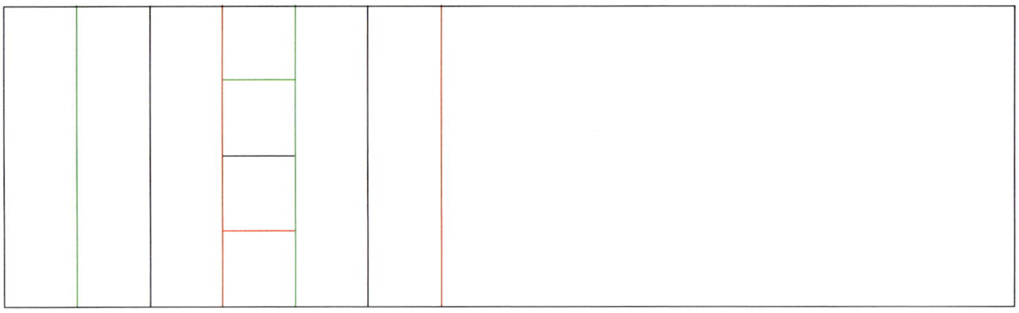

10. Zeichne ein Quadrat mit einer Seitenlänge von 3 cm. Zeichne in das Quadrat einen Kreis A, der alle Seiten des Quadrates berührt. Zeichne um das Quadrat einen Kreis B, der durch alle 4 Ecken des Quadrates geht. Fülle jetzt die Tabelle aus.

	r	d	Seitenlänge
□	–	–	3 cm
○ A			–
○ B			–

11. Zeichne mit dem Geodreieck 3 parallele Strecken von je 10 cm Länge und mit einem Abstand von 0,5 cm. Zeichne 1 weitere Strecke, die auch 10 cm lang ist, aber senkrecht zu den parallelen Geraden ist.

12. Arbeite in deinem Übungsheft.

a) Zeichne mit dem Geodreieck eine Strecke a mit 4 cm. Halbiere die Strecke. Der Mittelpunkt von a ist M. Zeichne durch M eine Strecke b mit 5 cm, die senkrecht zu a ist und für die M auch der Mittelpunkt ist.

b) Verbinde die Endpunkte der Strecken miteinander.

c) Färbe parallele Seiten in der gleichen Farbe ein.

13. Übertrage das Muster in dein Heft und setzte es fort, bis es 9 Kreise hat. Der Durchmesser jedes Kreises ist 4 cm.

14. Zeichne die Rosette in dein Heft. Der Radius jedes kleinen Kreises ist 3 cm. Wie groß ist der Durchmesser des großen Kreises?

15. Hier sind alle Kreislinien außerhalb des Quadrates wegradiert. Wie sieht die Figur aus, wenn alle Kreislinien sichtbar sind? Zeichne die Figur in dein Heft. Der Radius eines Kreises ist 3 cm.

Achsen- und Drehsymmetrie

Symmetrie ist überall:

Achsensymmetrie

Wenn die Hälfte einer Figur nach dem Spiegeln an einer Spiegelachse genauso aussieht wie das Spiegelbild der anderen Hälfte, dann ist die Figur achsensymmetrisch. Die Spiegelachse heißt auch Symmetrieachse.

Drehsymmetrie

Wenn eine Figur nach dem Drehen um einen Drehpunkt wieder mit der Originalfigur zur Deckung kommt, ist sie drehsymmetrisch.

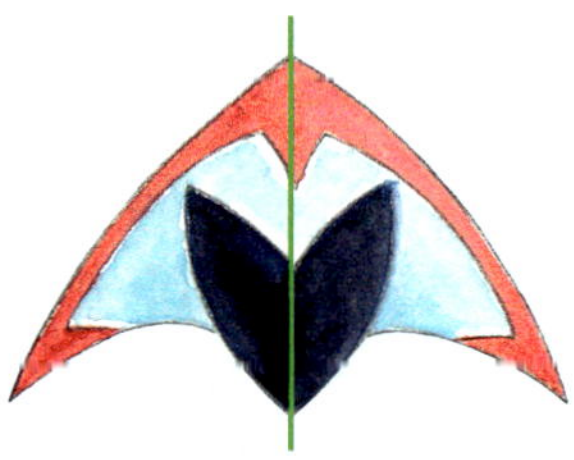

achsensymmetrisch

drehsymmetrisch

WICHTIG

Bei symmetrischen Figuren kommt es nicht nur auf die Form, sondern auch auf Größe und Farbe an.

Fit fürs G8?

Überprüfe dein Wissen

P

1. Entscheide bei jeder Figur, ob sie achsensymmetrisch ist.

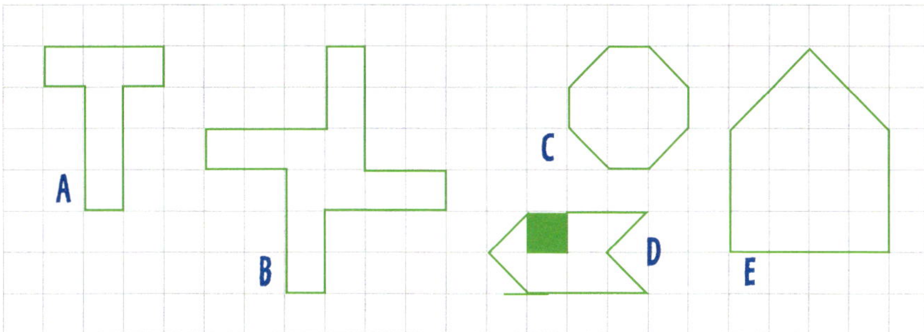

A: ja nein B: ja nein C: ja nein

D: ja nein E: ja nein

3 ☐

2. Welche dieser Buchstaben sind achsensymmetrisch?
Kreise sie ein.

A M O E H I U

3 ☐

3. Welche der Buchstaben aus Aufgabe 2 haben mindestens 2 Symmetrieachsen? ....

3 ☐

4. Welche dieser Figuren sind nur achsensymmetrisch und welche sind auch drehsymmetrisch?

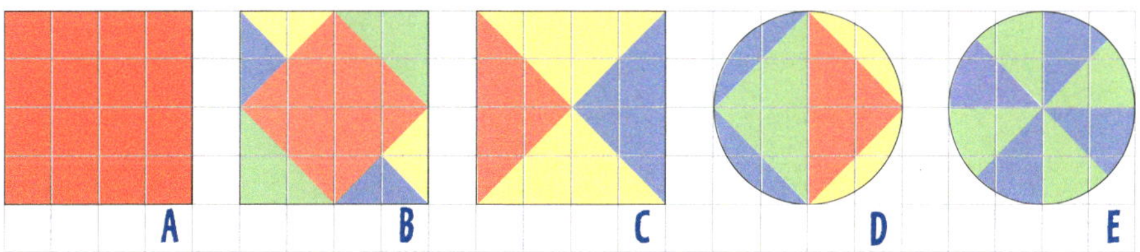

nur achsensymmetrisch: ....

achsen- und drehsymmetrisch: ....

3 ☐

0 – 2 Punkte	3 – 6 Punkte	7 – 9 Punkte	10 – 12 Punkte
Wiederhole den Stoff gründlich.	Lies noch einmal die Wissensseite.	Gut! Starte nun die Übungen.	Super! Du bist schon fit fürs G8!

Punktzahl ☐

Übungen

1. Ergänze so, dass achsensymmetrische Figuren entstehen.

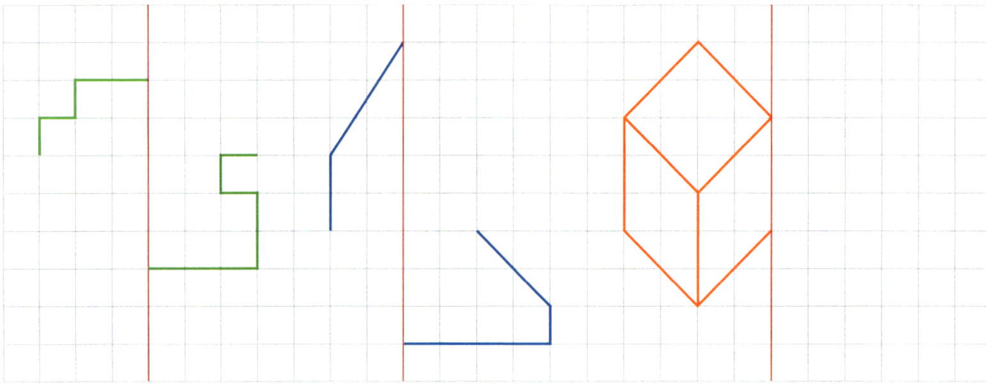

2. Zeichne in jede Figur die Symmetrieachsen ein. Kreuze anschließend die drehsymmetrischen Figuren an.

3. Diese Figuren sollen drehsymmetrisch sein. Färbe sie entsprechend ein.

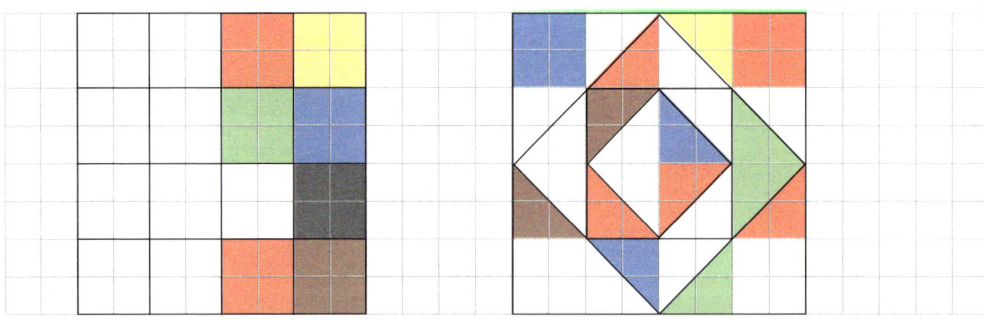

4. Zeichne in dein Heft.

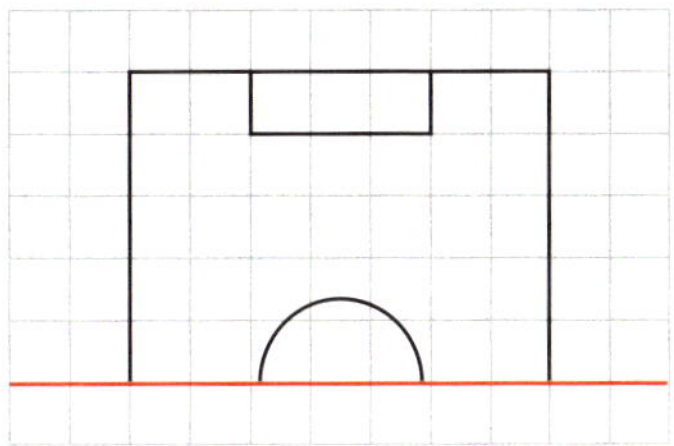

a) Übertrage die Skizze;
1 Kästchen entspricht 1 cm.

b) Ergänze die Skizze achsensymmetrisch.

c) Berechne den Umfang der gesamten Fläche in cm.

d) Wie viele Karos groß ist die Fläche, wenn du sie mit Karos auslegst, die 1 cm breit und 1 cm hoch sind?

e) Wie lang und breit ist die Figur, wenn 1 mm in deinem Heft 1 m in der Wirklichkeit entspricht?

f) Was stellt die Figur dar?

5. Zeichne in dein Heft.

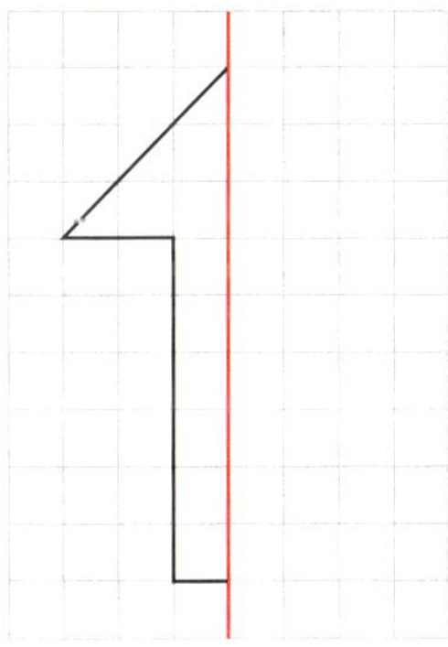

a) Übertrage die Skizze;
1 Kästchen entspricht 1 cm.

b) Ergänze die Skizze achsensymmetrisch.

c) Miss den Umfang.

d) Wie viele Karos groß ist die Fläche, wenn du sie mit Karos auslegst, die 1 cm breit und 1 cm hoch sind?

e) Entscheide, ob die Figur drehsymmetrisch ist.

f) Was stellt die Figur dar?

Das erwartet dich im G8: Zeichnen im Koordinatensystem

Zur Beschreibung der genauen Lage eines Punktes verwendet man ein Koordinatensystem. Es besteht aus zwei zueinander senkrechten Zahlenstrahlen mit einem gemeinsamen Nullpunkt, der x-Achse (auch: Rechtsachse) und y-Achse (auch: Hochachse).

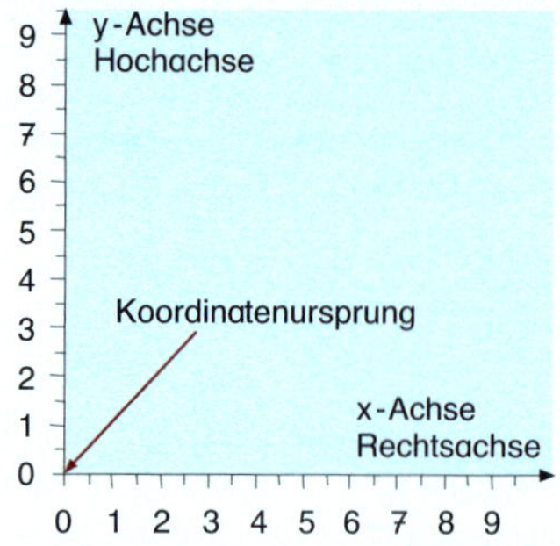

Die Lage eines Punktes P im Koordinatensystem wird durch ein Zahlenpaar (x|y) eindeutig beschrieben: x-Koordinate und y-Koordinate. Die x-Koordinate gibt die Lage in der waagerechten x-Richtung (nach rechts) an; die y-Koordinate gibt die Lage in der senkrechten y-Richtung (nach oben) an.

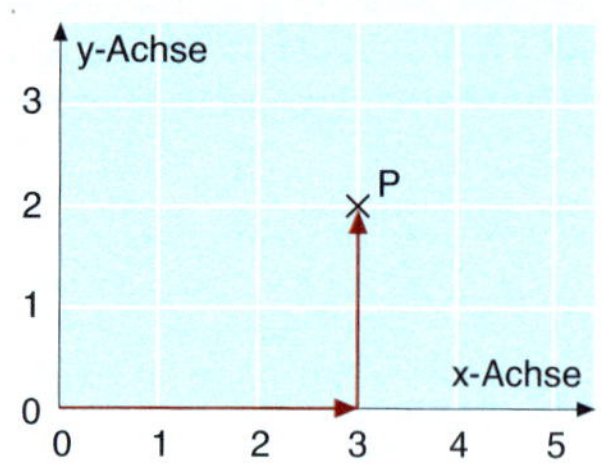

Umgekehrt kann man von einem Punkt im Koordinatensystem die Koordinaten leicht ablesen: Geht man
vom Punkt aus senkrecht zur x-Achse, kann man den x-Wert ablesen;
vom Punkt aus senkrecht zur y-Achse, kann man den y-Wert ablesen.

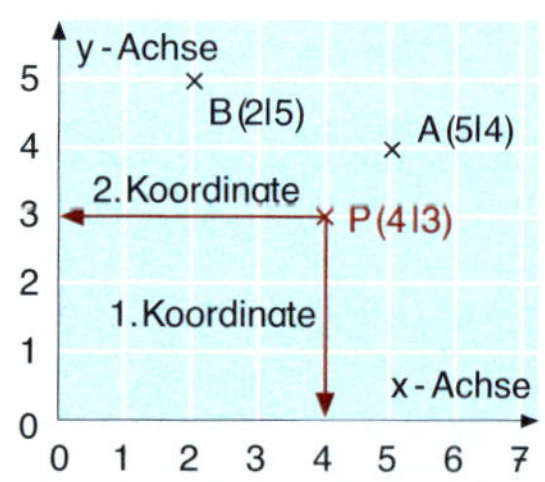

Will man die Lage einer Geraden im Koordinatensystem beschreiben, reicht es, die Koordinaten von zwei Punkten der Geraden anzugeben.

Durch zwei Punkte A und B geht nämlich genau eine Gerade g.

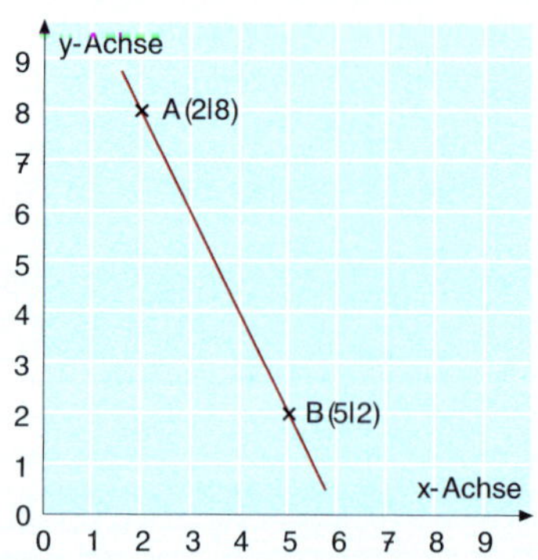

Überprüfe dein Wissen

1. Gib die Koordinaten der Punkte A bis L aus der Zeichnung an. Zeichne, falls notwendig, Hilfslinien in das Koordinatensystem ein. **P**

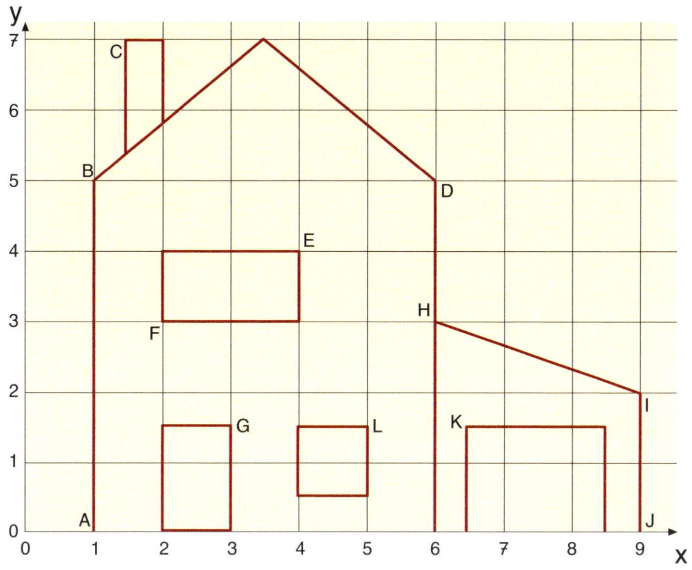

2 ☐

2. Zeichne ein Koordinatensystem. Wähle für den Abstand zweier Zahlen auf den Achsen 1 cm (also zwei Kästchen). Beide Achsen sollen die Zahlen von 0 bis 10 umfassen.

a) Zeichne die Punkte A (2|9), B (0|5), C (8|1) in das Koordinatensystem.

b) Zeichne einen Punkt D so ein, dass er zusammen mit A, B und C ein Rechteck bildet. Welche Koordinaten hat der Punkt D? Schreibe sie neben den Punkt.

c) Zeichne die Diagonalen AC und BD in das Rechteck ein und bestimme die Koordinaten ihres Schnittpunktes S.

d) Miss den Abstand des Schnittpunktes S zu den Rechteckseiten. Zeichne die Abstandsstrecken in das Rechteck ein.

10 ☐

0 – 2 Punkte	**3 – 6 Punkte**	**7 – 9 Punkte**	**10 – 12 Punkte**
Wiederhole den Stoff gründlich.	Lies noch einmal die Wissensseite.	Gut! Starte nun die Übungen.	Super! Du bist schon fit fürs G8!

Punktzahl ☐

Übungen

1. Zeichne ein Koordinatensystem mit einer x- und y-Achse von 0 bis 13. Zeichne die Punkte A (2|1), B (8|10) und C (3|9) ein.

a) Verbinde die Punkte A und B zu einer Geraden. Untersuche, ob die Punkte P (6|5) und Q (4|4) ebenfalls auf dieser Geraden liegen.

b) Zeichne eine Gerade durch C, die senkrecht zur Geraden AB verläuft. Gib die Koordinaten des Schnittpunktes S der beiden Geraden an. Zeichne eine Gerade durch C, die parallel zur Geraden AB verläuft.

2. Zeichne jeweils eine Gerade durch A und B. Gib dann die fehlenden Koordinaten an, sodass alle anderen Punkte auch auf der entsprechenden Geraden liegen.

a) A (0|0); B (2|1); C (4|); D (|4); E (|7); F (20|)

b) A (1|15); B (7|4); C (3|); D (|1); E (| 12)

c) A (15|8); B (8|1); C (13|); D (|5); E (7|); F (|17)

3. Zeichne die Punkte P (0|7), Q (3|9), R (11|1) und S (14|3) in das Koordinatensystem.

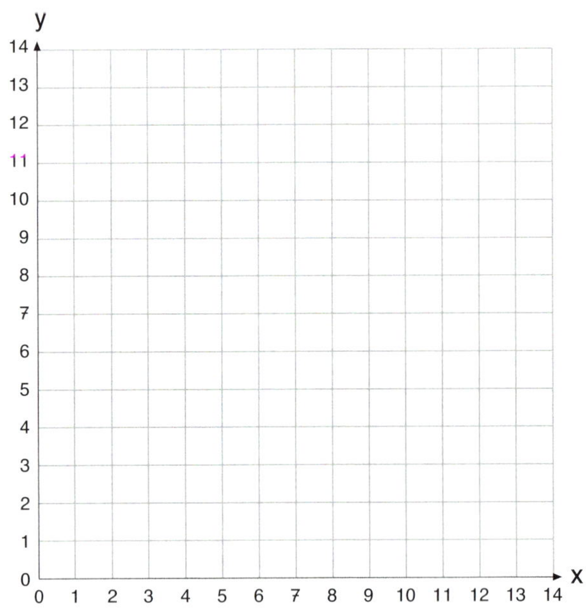

a) Zeichne die Geraden durch die Punkte PR, QS, PS und QR.

b) Wie liegen die Geraden PR und QS sowie PS und QR zueinander?

c) Welche Koordinaten hat der Schnittpunkt S' von PS und QR?

4. Zeichne ein Koordinatensystem, in dem x- und y-Achse die Zahlen von 0 bis 10 umfassen.

a) Wo liegen alle Punkte, deren x-Koordinate 4 ist? Zeichne diese Punkte in das Koordinatensystem und verbinde sie miteinander.

b) Wo liegen alle Punkte, deren y-Koordinate 3 ist? Zeichne diese Punkte in das Koordinatensystem und verbinde sie miteinander.

c) Wo liegen alle Punkte, bei denen x- und y-Koordinate gleich sind? Zeichne diese Punkte in das Koordinatensystem und verbinde sie miteinander.

5. Zeichne die angegebenen Punkte in das unten stehende Koordinatensystem und verbinde sie in der angegebenen Reihenfolge:

(6|4); (6|2); (4|2); (4|7); (9|12); (16|12); (21|7); (26|7); (26|2); (22|2); (22|4); (18|4); (18|2); (10|2); (10|4); (6|4);
setze ab und beginne neu bei (6|7); (9|11); (16|11); (20|7); (14|7); (14|11); (13|11); (13|7); (6|7)

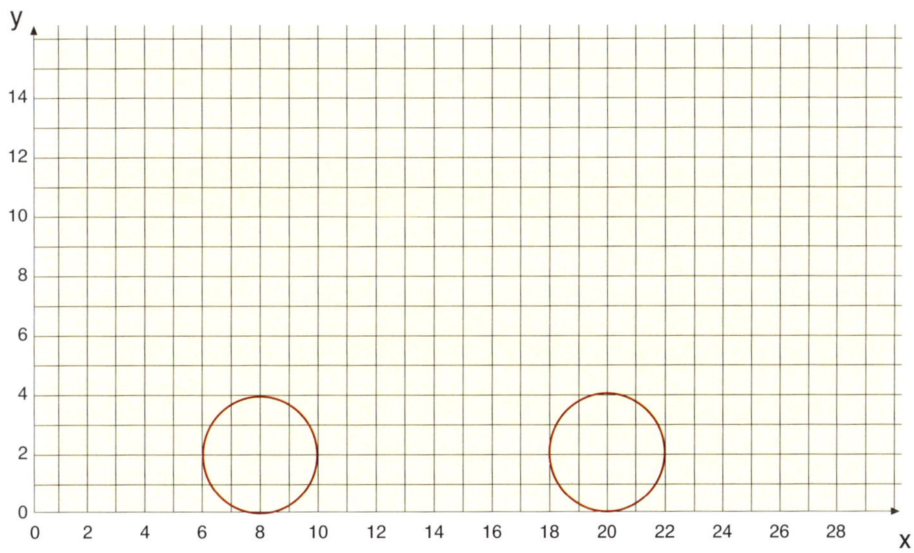

Fachbegriffe der Mathematik

E Einer

Z Zehner

H Hunderter

T Tausender

ZT Zehntausender

HT Hunderttausender

M Million

< ist kleiner als

> ist größer als

= gleich

≈ gerundet, ungefähr

+ Addition – addieren

8 + 4 = 12 Summe
plus

– Subtraktion – subtrahieren

12 – 4 = 8 Differenz
minus

· Multiplikation – multiplizieren

8 · 4 = 32 Produkt
mal

: Division – dividieren

32 : 4 = 8 Quotient
geteilt durch

Dezimalsystem – Zehnersystem
Die Ziffern von 0 bis 9 stehen zur Verfügung.

Dualsystem – Zweiersystem
Lediglich die Ziffern 0 und 1 stehen zur Verfügung.

Maßeinheiten auf einen Blick

Geld

Cent	ct	
Euro	€	1 € = 100 ct
Dollar	$	
Pfund	£	

Beispiel: 1 € 25 ct = 1,25 € = 125 ct

Hohlmaße

Milliliter	ml	
Liter	l	1 l = 1 000 ml

Beispiel: 3 l 250 ml = 3,250 l = 3,25 l = 3 250 ml

Längen

Millimeter	mm			
Zentimeter	cm	1 cm	=	10 mm
Dezimeter	dm	1 dm	=	10 cm
Meter	m	1 m	=	10 dm
		1 m	=	100 cm
Kilometer	km	1 km	=	1 000 m

Beispiele: 3 m 25 cm = 3,25 m = 325 cm

1 km 525 m = 1,525 km = 1 525 m

Gewichte

Gramm	g			
Kilogramm	kg	1 kg	=	1 000 g
Tonne	t	1 t	=	1 000 kg

Beispiele: 2 kg 375 g = 2,375 kg = 2 375 g

1 t 250 kg = 1,250 t = 1 250 kg

Zeit

Sekunden	s			
Minuten	min	1 min	=	60 s
Stunden	h	1 h	=	60 min
Tage	d	1 d	=	24 h

Beispiele: 1 min 30 s = 90 s

1 h 40 min = 100 min

Andere Zeiteinheiten:

Monat: 1 Monat hat 30 oder 31 Tage.
Der Februar hat nur 28 oder 29 Tage.

Jahr: 1 Jahr hat 12 Monate.
1 Jahr hat 365 oder 366 Tage.

Fachbegriffe der Geometrie

Ebene Figuren

Kreis

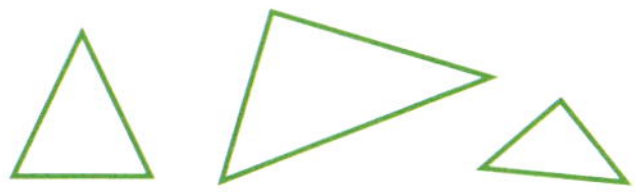

Dreiecke

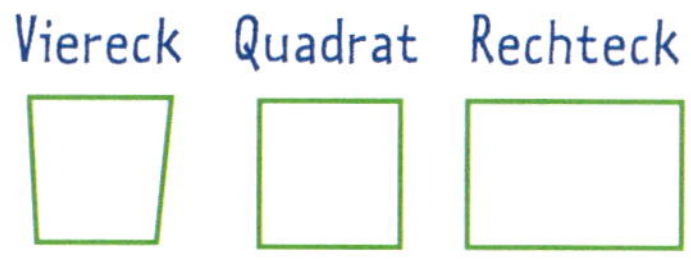

Vierecke

Körper

Würfel

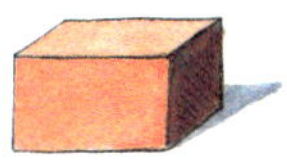

Quader

Kegel

Zylinder

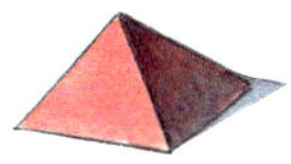

Pyramide

Kugel

Netze

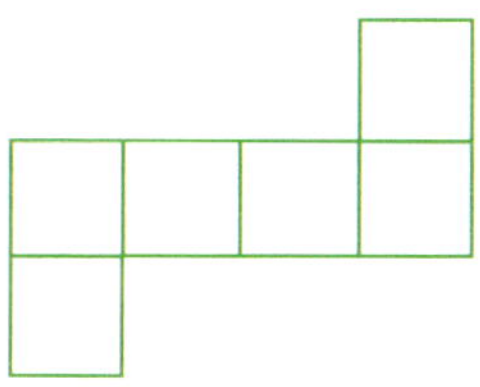

Würfelnetz

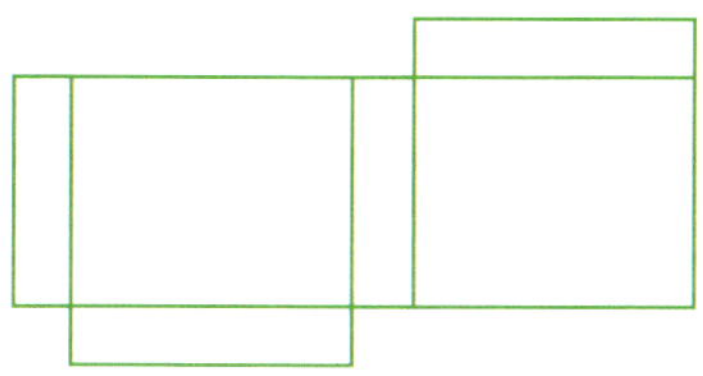

Quadernetz

Geometrisches Zeichnen

Gerade

Strecke

rechter Winkel

Symmetrie

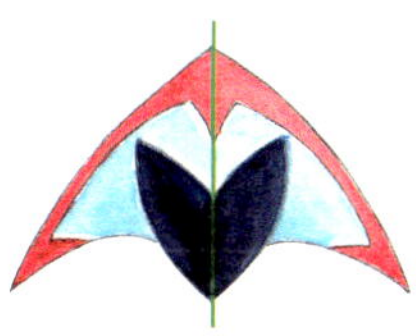

Achsensymmetrie
Symmetrieachse

Drehsymmetrie
Drehpunkt